天外有天 科普丛书

火　　星

——人类的第二故乡

吴　沅 编著

U0203365

上海科学技术文献出版社
Shanghai Scientific and Technological Literature Press

图书在版编目（CIP）数据

火星／吴沅编著．—上海：上海科学技术文献出版社，
2017

（天外有天科普丛书）
ISBN 978-7-5439-7528-6

Ⅰ．①火…　Ⅱ．①吴…　Ⅲ．①火星—普及读物　Ⅳ．
① P185.3-49

中国版本图书馆 CIP 数据核字 (2017) 第 193903 号

责任编辑：于学松
特约编辑：石　婧
封面设计：龚志华

丛书名：天外有天科普丛书
书　名：火星——人类的第二个故乡
吴　沅　编著
出版发行：上海科学技术文献出版社
地　　址：上海市长乐路 746 号
邮政编码：200040
经　　销：全国新华书店
印　　刷：常熟市人民印刷有限公司
开　　本：650×900　1/16
印　　张：9.5
字　　数：90 000
版　　次：2017 年 11 月第 1 版　2017 年 11 月第 1 次印刷
书　　号：ISBN 978-7-5439-7528-6
定　　价：25.00 元
http://www.sstlp.com

目　录

开头的话

一、苍穹中一粟 / 5

　　（一）火星的前世今生 / 5

　　（二）火星上的待解谜团 / 29

二、百万年一遇——与赛丁泉彗星"擦身"而过 / 37

　　（一）赛丁泉彗星 / 37

　　（二）密集的探测 / 38

　　（三）撞击的可能性 / 39

三、远征火星 / 43

　　（一）火星探测的前前后后 / 43

　　（二）火星探测器中的数个第一 / 45

　　（三）"好奇号"火星车 / 46

　　（四）火星上找到了"猎兔犬2号" / 49

　　（五）印度"曼加里安号"火星探测器成功入轨 / 50

　　（六）"我国火星探测应高起点" / 53

（七）"萤火 1 号"壮志未酬 / 54

（八）美国的《十年规划》/ 56

四、准备登陆火星 / 61

（一）"灵感火星基金会" / 61

（二）"火星 500"试验 / 63

（三）"火星 1 号"计划是追梦还是作秀 / 64

（四）登陆火星存在的问题 / 68

（五）登陆火星面临的难题：航天员的安全与
　　　健康 / 69

（六）火星沙尘 / 75

（七）就地资源利用 / 75

（八）星球保护 / 76

五、飞向火星——路线选择 / 81

（一）飞行速度 / 82

（二）飞行方式 / 83

（三）"休眠"中飞向火星 / 86

六、火星基地建设构想 / 93

（一）基地建设的早期 / 93

（二）基地建设发展构想 / 94

（三）火星上造房子 / 94

（四）火星上生产燃料 / 96

（五）火星上制造塑料 / 98

（六）在火星上取水 / 100

（七）火星冶金 / 105

（八）火星能源 / 107

七、将火星变成又一个地球 / 113

（一）地球化有先例 / 113

（二）火星地球化的步骤 / 114

（三）火星变暖的方法 / 116

八、移民火星不是梦 / 121

（一）移居火星最基本的条件 / 121

（二）准备行动 / 123

（三）到火星后哪里落脚，如何生存 / 126

（四）火星用"运输工具" / 128

开头的话

　　火星,或许是由于它鲜红的颜色而得名,又被称为"红色行星"。在古代,火星由于呈红色,荧光像火,亮度常有变化;而且在天空中运动,有时从西向东,有时又从东向西,情况复杂,令人迷惑,故称它为"荧惑",有"荧荧火光,离离乱惑"之意。

　　火星在史前时代就已经为人类所知。据记载,火星被认为是太阳系中除地球以外的人类最好住所。火星是人类的第二故乡果真源远流长!只是过去仅仅是美好的向往,今天,我们要将向往逐渐变为现实!作为人类的移居地,水星和金星是根本不能考虑的,因此,首先将指向火星。火星将是人类理想的移居地。

火星

红色星球

一、苍穹中一粟

在宇宙中,火星犹如大海中的一滴水珠,看似平常,却仍然显出它的光彩和无可替代性!

(一) 火星的前世今生

1. 火星是一颗怎样的星球

火星是地球轨道外的第一颗行星,是一颗类地行星,具有固态的岩石表面,密度高,自转慢,离太阳的平均距离是地球的1.5倍,得到太阳的光和热比地球要少。太阳系有八大行星,按照距离太阳由近到远的次序为:水星、金星、地球、火星、木星、土星、天王星、海王星。火星比地球小很多,直径6 794千米,约为地球的一半,体积不到地球的1/6,质量则仅是地球的1/9。

在地球的近邻中,火星是自然条件最接近地球的行星。例如，它们有几乎相同的昼夜变化——地球上的一天是 23 小时 56 分，火星是 24 小时 37 分；它们都有春夏秋冬的四季变化；地球的轨道面和赤道面的夹角是 23°27′，火星是 25°11′。火星和地球一样拥有多样的地形，有高山、平原和峡谷。火星南、北半球的地形有着强烈的对比：北方是被熔岩填平的低原，南方则是充满陨石坑的古老高地。同地球一样，火星也有大气层，只是非常稀薄，其密度相当于地球大气层 30～40 千米高处的密度。火星表面气候干燥、寒冷，天空灰蒙蒙的，看不到蓝天，黎明时有云呈粉红色，主要由尘埃组成。火星上有时会刮起"季候风"，底层大气卷起大量尘沙，有时巨大的尘暴可以席卷整个火星，并持续相当长的时间。火星在夜空中呈橘红色，是由于它富含氧化铁，遍地都是红岩石，火星也因此而得名。火星的铁含量之高，在太阳系中首屈一指，如果能够大量提取出来，为地球所用，将会把火星变成一座巨大无比的炼铁厂。

由于火星距离太阳比较远，单位面积接收到的太阳辐射能只有地球的 43%，因而地面平均温度很低，昼夜温差可达上百摄氏度，赤道附近的昼夜温差为 −80～20℃，而最寒冷的极区昼夜温差可达 −140～−70℃。关于火星内部的情况，人们只能通过火星表面得到的资料和大量相关数据来推测。一般认为，火星的核心由半径为 1 700 千米的高密度物质组成，外面包裹了一层比地球地幔更稠密的熔岩，而火星的外壳是极薄的一层。因此，相对于其他类地行星，火星的密度较低，说明火星核中的铁可能含有较多的硫。近年来,通过对火星陨石的研究发现:火星核的形成时间可能还要提前,可能是经受了一次巨大的撞击所致。

2. 火星的地质构造是如何演化的

火星的地质构造演化分两个阶段:

在第一阶段,火星内部的温度变得很高,使得金属铁和陨硫铁等形成了富铁物质的核心,其余较轻的物质上升至表面,这个过程称为分异。在物质大分异之后,火星体积轻微膨胀,完全毁坏了它的原始表面。美国发射的"水手号"宇宙飞船对火星引力场所做的精确测量证明:火星的确有一致密的内核。

第二个阶段发生在第一阶段分异 10 亿年之后,当时火星外层的温度变得很高,足以使位于核心上面幔层中的部分岩石物质熔化。在这一过程中,火星幔层中的一部分物质分异成富含硅和铝的较轻的岩石物质,一部分分异成缺少硅、铝的比重大的物质。较轻的物质浮到表面,生成平原和火山构造,火山作用间歇地持续到现在。内部物质的熔化还导致了大气的产生,当岩石被加热时,它就会失去一些吸附在表面上的元素,如惰性气体氖和氩。同时,那些原来混合到岩石中的某些元素或分子(例如水),也部分地被释放出来。这些气体,有一部分重新结合成热力学稳定的化合物,如碳与氧结合成二氧化碳,与氢结合成甲烷。根据火星探测的地质分析,火星表面可划分为密布陨石坑的古地区、比较年轻的火山平原区、巨大的火山地盾及广阔的沉积物区,它们是各种地质学过程的产物。这些过程包括流星体对火星表面的撞击,火山活动和构造运动,流水的作用和风的作用等。当一个离散的天体以 10 千米/秒的速度同火星相撞时,就会造成一个直径比该天体本身大 10～20 倍的环形山。在火星形成之后的最初 10 亿年间,环形山的生成率较现在要高很多。造成早期环形山的可能是火星及其卫星形成后剩下的物体,也可能是受木星引力摄动而进入贯穿火星轨道中的小行星带外部天体。现在同火星相撞的小天体则起源于彗星和小行星。

天文学家结合有关模型分析,在参照了月球的状况,并考虑了大气的影响、质量和大小的区别,以及被撞击概率的差异之后,将火星的地质年代大致分为如下三个"纪":

诺亚纪:46 亿年前至 36 亿年前,可细分为早、中、晚诺亚纪,代表性地区是火星南半球古老的诺亚高原。

西方纪:36 亿年前至 31 亿年前,可细分为早、晚西方纪,代表性地区是火星南半球的西方高原。

亚马逊纪:31 亿年前至现在,可细分为早、中、晚亚马逊纪,代表性地区是火星北半球的亚马逊平原,这是一个被火山熔岩填平的年轻平原。

3. 火星上的大气

火星上的大气可以概括成:稀薄得可怜。经测定,火星表面的大气压仅为 7.5 毫巴,相当于 7‰大气压,与地表上方 30～40 千米的高空处差不多!

（1）火星大气压低是大气逃逸的结果吗

火星大气压低是大气逃逸的结果吗? 结论是否定的。假定火星在形成时,表面有一个大气压的空气,大气的逃逸寿命依赖于大气层温度分布,由于这方面的资料目前较少,仅能以地球来设定这种温度的分布,计算结果表明,火星大气逃逸的寿命为 9.2×10^{12} 年,远大于火星的年龄(约 4.5×10^9 年)。这就说明火星大气压小并不是由于逃逸造成的,而是在形成大气层时,压力就比地球约小两个量级。

（2）用 MAVEN 解密火星大气

"火星大气与挥发物演化任务",简称 MAVEN,是美国国家航空航天局(NASA)"火星侦察兵计划"的一部分,2014 年 9 月 22 日进入火星轨道,是研究火星大气的航天器,主要使命是调查火星大气失踪之谜,寻找火星上早期拥有的水源及二氧化碳消失的原因,并帮助科学家理解这颗红色星球历史上的气候变化。MAVEN 发言人解释道:在 5 次"深入探测"变轨后,MAVEN 的轨道低点将会下降到约 125.5 千米的高度,使探测器上的仪器可以搜集从电离层一直到低层大气边缘的数据,还可研究火星表面某些特定地区的大气情况。这一任务为期一年,此后,如果探测器状态正常,它将可以继续工作 10 年!

科学家认为,40 亿年前的火星曾拥有浓密的大气层,且表面存在大量的液态水。而今天的火星大气却十分稀薄,密度也只有地球大气的 1‰,表面的液态水已经消失。这之间的过渡阶段一直是个谜。要研究亿万年来火星是如何从一个温暖潮湿的星球变成一个干燥星球的原因,即这些水去了哪里？这些大气又去了哪里？它们是渗透到了岩石中,还是上升到了大气中,或是被迫离开了呢？

在 MAVEN 搭载的八大有效载荷将通过观测磁场、空间粒子等手段,研究火星上层大气与太阳风的交互作用。这些有效载荷具体包括:由美国加利福尼亚大学伯克利分校航天科学实验室研制的,用于测量太阳风和电离层电子的太阳风电子分析仪(SWEA),用于测量太阳风和磁离子密度和速度的太阳风离子分析仪(SWIA),用于测量热离子与中等能量的逃逸离子的超热与热离子成分探测仪(STATIC),以及用于研究太阳高能粒子对火星上层大气的撞击情况的太阳高能粒子探测仪(SEP)。另外还包括由美国科罗拉多大学大气与空间物理实验室研制的朗缪尔探针与天线和遥感组件即紫外成像光谱仪(IUVS)。前者不仅能够研究电离层属性和逃逸离子的热量,以及太阳紫外线对火星大气的照射情况,还能测量火星上层大气的电子温度、数量、密度,以及低频率电场波的功率;后者则可遥感测量火星上层大气和电离层的特性。而用于专门研究火星上层中性大气的基本结构和成分,测量火星大气元素同位素比例的则是中性气体和离子质谱仪(NGIMS),该设备由戈达德航天飞行中心研制。

除各项探测设备之外，MAVEN 还携带了一份特殊礼物：一张包含 1 100 条人类寄语的 DVD,这些寄语通过竞赛评选而出，其中一条获奖作品就写道："火星,你如此神秘,我们渴望了解你。"

4. 火星上的大尘暴

尘暴是火星的一个奇异特征,也是火星大气中的独有现象。火星上每年(火星年)都会发生一次令人难以置信的席卷整个火星的大尘暴,小规模的尘暴更是家常便饭。大尘暴风速之高在地球上根本看不到。通常,在地球上刮起大台风,其风速达到 60 米/秒已经有地动山摇之感,树可以被连根拔起,马路上的小汽车会像玩具一般被抛向空中。但是,这种风速在火星根本上不了台面,火星风速可高达 180 多米/秒,与之相比,地球风速真是小巫见大巫！这种强烈的尘暴每年都会发生,而且持续时间通常可达 1/4 个火星年,甚至半年以上。尤其在火星的南半球夏至时,由于火星正好处于近日点附近,表面气温更高,即使是极稀薄的火星空气,对流也非常旺盛,常常引发强风卷起漫天沙尘,这种情景就像火星被尘暴完全笼罩。

1971 年,美国发射的"水手 9 号"火星探测器,在飞到距离火星还有一半路程的时候,不幸碰到火星上正在刮红色尘暴,而且是前所未有的一次大尘暴。这场巨大的尘暴整整刮了 6 个月,火星表面 70～80 千米的高空均被沙尘笼罩！除了在火星赤道附近可以隐约见到 4 个坑洞外,其他地方一片模糊。"水手 9 号"探测器纵有千里眼,也无法施展其功能,只能无奈等待尘暴的结束。几个月后,这场疯狂的尘暴才逐渐平息下来,"水手 9 号"探测器才开始工作。

在火星刮起大尘暴时,从地球上看去,火星就像披了一层橙红色外衣。这其中的原因,主要是火星表面的大部分地区被橙红色硅酸盐、赤铁矿等物质及其他金属氧化物覆盖。尘暴到来时,这些橙红色物质被高高卷起,飘在空中,把火星变成了一个橙色的星球!至于"水手 9 号"探测器迷迷糊糊看见的 4 个坑洞,其实是 4 个高达 25 千米以上的大火山。其中最大的火山就是颇具名气的奥林匹斯山,它高 27 千米,直径 600 千米,大约形成于10 亿年前,也是迄今太阳系中发现的最巨大的火山。

5. 火星上的板块

以前科学家认为,在太阳系中,只有地球上才有板块。所谓板块,以地球为例,说的是组成地球的岩石圈不是一块完整的"石"板,而是分成许多块。目前地球上已测到共有七大板块和几十个小板块。我国领土处在欧亚板块之上!但是,最近美国行星地质学家尹安在分析了火星"奥德赛"飞船上的卫星照片后认为,火星上存在的裂缝与地球上某些地方的裂缝很相似,比如美国加利福尼亚州的断层、中国喜马拉雅山的断层等。显然,断层相似,它们的地貌与地球上的地貌也会很相似。尹安由此确认在火星上也有板块,并指出火星上的水手谷就是两大板块的交界处,是由火星断层"制造"的巨大裂缝!火星上有板块存在的另一个佐证是火山链。火星上有几条又长又直的火山链,著名的奥林匹斯山也位于其中。火山链的发现,说明了火星地幔上涌的这一特征。也就是说,火星地幔上面的板块处于缓慢而持续的运动中,而在地幔下面的"热点"不时向上喷涌,这在地球上也有,比如夏威夷群岛,就是由地球板块运动和其下的"热点"喷涌出地幔共同作用而产生的,两者的结合形成了地面上的火山,而且是一座又一座火山出现,成年累月,火山链就诞生了。

尹安还认为火星正处于板块的初级阶段,最多只有两个板块。如果用一个鸡蛋壳来表示板块的话,那么地球表面就像是一个严重破损的鸡蛋壳,有许多裂缝(代表有许多板块),而火星这个鸡蛋壳仅仅只有轻微的破损,并且其破损过程很缓慢。尽管如此,它正朝着越来越破碎的方向发展。科学家还认定,虽然它的破碎过程很缓慢,时间可能会长达数百万年甚至更久,但一旦进入短暂的活跃期,火星上出现地震也不是不可能的。

或许人们会感到奇怪,地球和火星基本上是同时生成的,为什么几十亿年过去了,火星仍然处于板块的初期,而地球却已成为一个碎鸡蛋壳?其原因可能是火星的体积远比地球小,小鸡蛋壳内的热量自然比地球这个大鸡蛋壳内的热量小得多,而板块运动的驱动力来自星球内部的热源,这就不难理解火星板块的活动能力远不如地球板块了！但从另一个角度来看,火星板块目前的状态也许和地球板块早期相似,这就对研究地球板块构造的来龙去脉提供了"活化石"。

6."火星大冲"有规律

火星冲日是指地球运行到太阳和火星之间,且三者在同一条直线上。这时,火星和地球之间的距离将接近最小,火星看上去要比平时更明亮。火星存在着15.8年的季节性冲日周期。在这个周期中,有三四次远日点冲日,以及三四次近日点冲日,相同的周期每隔79年就会重复一次,一般最多相差四五天。

由于火星和地球的运行轨道都是椭圆形的,因此会出现火星有时离太阳远,有时离太阳近。如果火星在近日点附近冲日就叫作"大冲"。此时,当太阳西落时,火星正好东升,人们整夜都可以看到火星"冲日"的壮观景象。发生大冲的周期为15～17年,这是因为火星在轨道上运行一圈约687天,地球则需平均780天(最少764天,最多806天),才能与火星相"冲"一次,相冲的点约16年在轨道上会转一圈。由此得出发生火星大冲的周期在15～17年。

美国海军天文台的迪扬教授编制了一个程序,用这个程序可以计算出火星与地球的距离。在此程序中,他还考虑了各种引力的干扰,甚至连月球的影响也计算在内。由此,他得出2003年8月29日发生火星大冲时,火星与地球的距离最近,约

55 765 622 千米,为 0.372 71 个天文单位(1 个天文单位是日地平均距离,约 1.5 亿千米),这是近 6 万年来,火星离地球最近的大冲,几乎比火星距地球最远时近了大约 2 000 万千米。难怪那时人们看见的火星又大又亮,成为天空中最亮的明星。与此同时,有几艘火星探测器纷纷飞向火星、登陆火星,对火星进行近距离或零距离的考察,以免错过这极其难逢的日子。根据科学家计算,284 年后,火星会比 2003 年更接近地球,那时火星距离地球 55 686 311 千米,为 0.372 24 个天文单位,时间是 2287 年 8 月 28 日,但是这一天对于现在的人类来说,不要说目前在世的人无法见到那时火星的辉煌,甚至连他们的儿辈、孙辈也无缘得见!根据计算结果,2018 年 7 月 27 日,火星又将接近地球,距离为 0.385 个天文单位,约 5 775 万千米(比 2003 年 8 月远 200 万千米),再往后是 2020 年 10 月,距离地球 6 225 万千米,直至 2287 年 8 月 28 日创造出近几个世纪火星与地球近距离之最。

7. 火星上有过雨雪纷飞的岁月

科学家认为火星上有过雨雪纷飞的岁月。德国地质学家恩斯特·豪博还声称"看到"过火星上倾盆暴雨或是绵绵细雨。豪博所谓"看到"当然是通过科学手段来了一个时空穿越。在 38 亿~40 亿年前,火星上或暴雨不断,河流奔涌。时间到了 30 亿年前,火星上已看不到昔日雨水猖狂的威风,只留下细雨绵绵的"胜景",即便这绵绵细雨因受到火星气候巨变的牵连,在两亿多年前也已不复存在。说到雪，科学家认为，就不用再穿越"看到"了，现实中的火星上还会时不时下起雪来。当然，人们目前还不能亲自到火星上去欣赏雪景，那是通过"火星全球勘测者号"探测器发回的数据"看到"的：火星上正下着雪，纷纷扬扬煞是迷人！但是这种雪花还没有落到火星表面就夭折了——被蒸发到薄薄的火星大气层中去了！

通过进一步分析，证实火星上的雪花其实和地球上的雪根本不是一回事，它是由二氧化碳构成的干冰小颗粒。火星上不可能出现地球上的鹅毛大雪，即便是地球上下的星星点点的雪花也要比火星上的雪大得多，火星上的雪充其量是一些雾状的细沫粒子在空中飘浮而已！不过火星雪花的形成，似乎和地球上的雪花有相同之处，即要有一个凝结核。这不难，因为火星上的沙尘无处不在地飞扬，担当起造雪中的"凝结核"还是绰绰有余的！

既然火星上的雪犹如雾状细沫粒子，基本上看不到它的存在，那么这雾状细沫粒子到底有多大呢？能给出一个量的概念吗？这当然难不倒科学工作者，虽然暂时还不能到火星上去做实地"测量"，但通过数十年来火星探测器从火星发回的数据推断，目前已能给出火星雪的具体数值，它的大小仅为地球雪的千分之一。奇怪的是，火星南北极的雪花大小是不同的，在火星北极，雪花颗粒为8～22微米，而火星南极的雪花颗粒大小为4～13微米。

8. 火星的卫星"恐慌"和"害怕"

火星的卫星直到 1877 年大冲时才被美国天文学家霍尔在华盛顿海军天文台发现。火星有两颗卫星,都非常小。有意思的是,其中火卫一取名"恐慌",火卫二竟以"害怕"来命名。这是因为火星的名字来自罗马神话中的战神马尔斯。在希腊神话中,他对应的是战神阿瑞斯。阿瑞斯有两个儿子,名为"恐慌"和"害怕",火星的卫星就是以他们的名字命名的。这两颗火星卫星的轨道总是让人摸不着头脑:火卫一不断接近火星,火卫二则逐渐远离火星。还令科学家感到不解的是,它们俩的"长相"实在有天壤之别,怎么看也不像是由火星"生"出来的"兄弟"。

(1)火卫一

直径 22 千米,距离火星中心 9 370 千米,公转周期为 7 小时 39 分,比火星自转要快得多。火卫一通体黝黑,可以吸收90％以上的入射阳光。它全身长满麻点,这些麻点是由陨石冲击而成的。由于火卫一个头不大,因此在火星上看不到日全食,只能看到日环食。如果在火星上看火卫一,它自西方升起在东方落下。在这颗不大的卫星上,除了布满大大小小的陨石坑,居然还有一座直径达 8 000 米的环形山和最深达 500 米的沟纹。由于体形小,它所形成的重力场极其微弱,也就是说登陆和飞离火卫一只需轻微的推动力。有科学家建议把它作为从地球向火星进发过程中的一块跳板。重力场弱,还意味着向火卫一发射探测航天器不仅成本低,而且也容易实现,火卫一可以为人类提供一条通往火星的"捷径"。除此之外,火卫一还蕴藏着众多的奥秘。比如,研究者认为火卫一内部或许存在着庞大的凹陷。如果真是这样,可望为未来的探测提供不受太空辐射的庇护所。

（2）火卫二

直径 12 千米,距离火星中心 23 500 千米。由于它离火星更远,亮度仅与金星相当,也是一颗西升东落的小星星。火卫二实在太小,因此在火星上连日环食也看不到,只能看到凌日现象。它的外形就像一颗不规则的土豆。

由于这两颗卫星的自转周期与各自的公转周期相同,因此它们始终以表面的同一部位对着火星,这或许是火星卫星的又一大特征。

9. 火星上曾经有水

火星上存在着几千条干涸的河床,最长的约 1 500 千米,宽 60 千米或更宽。主要的大河床分布在火星的赤道地区,大河床及其支流朝着下坡方向流去。科学家认为,只有像水那样的无黏滞性的流体才会形成这样的天然河床。透过这些干涸的河床,几乎可以肯定过去的火星与如今的火星存在着天壤之别!如此巨大众多的干涸河床表明:火星也曾经河水滔滔,海浪拍岸,温暖如春,由于气候发生了剧烈的变化,火星才变成了一个荒漠的世界! 2000 年 6 月,NASA 宣布了一则令人振奋的消息:科学家找到了可以证明火星上有水的有力证据,火星上可能有流动的地下水。这一发现成为人类探测火星的一座里程碑！在"火星全球勘测者号"探测器拍摄到的 6 万多张照片中,有 200 张清晰显示出干涸的河床;超过 90％的河床支流是在南半球发现的,还拍摄到深深的水沟、蜿蜒的河道和碎石堆成的三角洲图片。这些图片表明,即使在近期火星的地表下面也可能有渗水流过。天文学家据此推测,这些拍到的河床、水沟,可能形成于 100 万年前,甚至可能形成于昨天！火星的地下水,很可能储存在地表下方 100～400 米深的岩层孔洞之中。

近年来,科学家利用火星探测器发现了一种新的水合矿物质——水合二氧化硅,俗称"猫眼石"。它是至今在火星上发现的三种水合矿物质中形成最晚的一种,形成于约 20 亿年前。火山活动或陨星撞击在火山表面留下二氧化硅。只有在遇到液态水后,二氧化硅才会生成"猫眼石"。这就明白地告诉我们,火星上是有水的。

10. 再谈火星上曾经有水

科学家在对地球南极找到的一块火星陨石研究后发现,火星地层中氘和氢的实际比例为 2∶1,而不是早先认定的 5∶1。这说明火星地层中水逃逸的速度并没有人们想象的那么快。由此推断,藏在火星地表下的水含量可能比原先估计的要高 2～3倍！若果真如此,登上火星的航天员就能很容易找到和饮用这些水,并可轻易利用水制造出氧气,以及还原成氢气,作为火箭燃料或其他用途。这样一来,就可进一步缩短人类在火星上建造基地和定居点的时间。

登陆火星的"好奇号"探测器利用携带的样本分析仪,将其登陆后获得的第一铲细粒土壤加热到835℃,结果分解出水、二氧化碳及含硫化物等物质,其中水的含量占2%。因此,科学家认为,火星上应该有着丰富的可轻易获得的水。分析仪还测量了高温加热土壤所获得的各种气体中氢和碳的同位素比率,结果与火星大气的测量结果相似,这说明火星土壤表面与大气存在着"广泛交互作用",火星土壤可能像海绵一样从大气中获得水和二氧化碳。

说到火星上的水,美国的一名生物学家声称,火星上水的盐分含量非常高,即使存在早期的生命物质,也可能会因为水过咸而遭到扼杀。无独有偶,火星探测器的专家小组成员安德鲁斯·诺尔也认为:长期以来,火星一直是一个非常干旱的星球,它只在形成最初期算是一个适于生命生存的星球,但后来水的盐度变得非常高,微小动植物很难在水中存活。"机遇号"火星车也发现,火星在很久之前有水存在。最新发现还表明,火星表面曾存在一个至少5厘米深的咸水湖。到底火星上状况如何,还有待地球人踏上火星一探究竟!

11. 三谈火星上发现液态水

NASA 2015年9月28日宣布,火星探索任务有最新的重大发现——研究人员在火星表面发现了有液态水活动的"强有力"证据：在火星表面发现的"奇特沟壑"很可能是高浓度咸水流经所产生的痕迹，而这项最新发现意味着火星表面很可能有液态水活动。《华盛顿邮报》认为，这一飞跃性发现表明，火星上可能存在生命（即使是微生物），液态水至少使这个星球部分可居住成为可能，将对人类认知火星产生重要影响。

一个由美国和法国研究员组成的团队在《自然·地球科学》期刊发表了一份报告。研究人员在火星斜坡上发现了一些奇特的沟壑，通过数据分析得出沟壑中含有含盐矿物质，而这类矿物质的生成离不开水。这些沟壑长约几百米，宽度小于 5 米，仅在温暖季节出现，随着寒冷季节的到来而消失。更激动人心的是，这些沟壑并非远古产物，其中最新的沟壑形成于 2014 年，当有人询问所获数据是否能证实火星表面确定有液态水时，该团队的美国亚利桑那大学研究人员阿尔弗雷德·麦克尤恩表示："我只能说，几乎如此。"不过，这次发现的最重要意义是：火星存有流动水——生命的起源。科学家下一个目标就是调查火星现时是否有任何微生物形态的生命。

在 2015 年 9 月 28 日的新闻发布会上，NASA 官员吉姆·格林介绍，火星探测器搜集的数据显示，火星的空气湿度、土壤湿度均比以前想象的高。按照另一名官员约翰·格伦斯菲尔德的说法，"这表明今天就有可能让生命体存在于火星上。""如果人类可以前往火星，或许可以用这一点（液态水），这样就不必携带成吨的水了。"美国亚特兰大佐治亚理工学院的琳德拉·奥哈称，"这看起来像科幻小说，但未来100年它可能成为事实。"北京师范大学天文系教授张同杰称，火星距离地球非常近，并且是固态行星，如果在火星上发现有液态水存在，其意义重大："首先，有液态水就意味着可能有生物在里面；其次，有液态水就有可能为将来的航天员登陆提供资源，提供生存的条件，同时为以后的移民做铺垫。"那么液态水的发现是否就等同于证明火星适合人类生存呢？北京天文馆馆长朱进表示，人类生存不光要考虑到液态水的存在，还需要考虑到大气问题，另外，科学家还需要具体研究火星上液态水的来源、数量等，能否被人们所利用还是未知数。

12. 火星上存在生命吗

较长时间以来，经过各种火星探测器的探测，科学家普遍认为火星上找不到有生命的痕迹，火星人仅仅是一种传说而已。

时间到了2004年，火星上是否存在生命又引起波澜，甚至轰动，原因是不同的研究团队公布了相同的发现：在火星大气中探测到甲烷。甲烷主要是由生物体释放。科学家由火星大气中存在甲烷推测：在火星地面及地表之下存在着生命的源泉。进一步研究表明，甲烷在火星大气中的平均寿命不超过400年，可是为什么至今仍能探测到甲烷的存在呢？一定有什么东西在今天的火星上制造甲烷，它究竟是什么？探测的结果还表明，火星上甲烷值是有差别的,在某些地方(如火山口和地热口等),甲烷可达到峰值,这些地方很有可能是甲烷的源头。难道火星火山口或是地热口里面存在生命? 2006 年,美国普林斯顿大学的图里斯·昂斯托特及其团队对甲烷的产生进行了深入的分析研究,认为这些甲烷很有可能是某些微生物产生的。通常,产生甲烷的微生物能承受较大的温差变化,能将氢气和二氧化碳合成甲烷。他们还发现了一种"硅镁石"黏土矿物质,这种矿物质可以形成于微生物体。火星甲烷发现者之一迈克尔·穆马还宣布,火星上一个叫尼利槽沟的地方有甲烷大量散发的迹象,那里甲烷的密度远远高于其他地方。据估测,每年有几百吨的甲烷进入大气,相当于地球上几千头奶牛所释放的甲烷量。2005 年,在荷兰诺德维克举办的火星快车科学会议上传来了另一个惊人消息:在火星大气中探测到甲醛,而且数量巨大。甲醛比甲烷存在的时间短几个数量级,只有 7.5 个小时。结论只能是:甲醛是甲烷氧化产生的。由此有人推断,火星每年大约产出 250 万吨甲烷,而产生甲烷的应该是某种微生物!

如果上述结论被最终认定,则表明火星上已存在大量微生物群,并已排放了大量甲烷,而且其数量大得出乎人们的想象!甲醛和甲烷是生命之源。因此,从这个角度来看,火星上存在生命之说得到了众多学者的支持。但是,火星上到底有没有生命,在人类的脚印未踏上之前,显然不会有明确的答案!

13. 再谈火星上存在生命吗

　　科学家艾德里安·布朗领导的研究小组,利用红外光谱对火星上尼利·福萨地区已有46亿年历史的岩石研究后发现,它与位于地球上澳大利亚皮尔巴拉地区的岩石非常相似,而几十亿年前皮尔巴拉地区岩石里就含有微生物,因此他们推测火星上的尼利·福萨地区也可能埋藏并以物质形式完好保存了火星早期生命的遗体化石,那里也可能发生了像地球上一样的生命演化的一系列过程。

　　NASA的科学家从"奥德赛号"探测器发回的火星表面图片中辨认出7个洞穴,他们把这些洞穴称为"七姐妹",起名为德娜、克洛伊、温迪、安妮、阿比、尼克和珍妮。它们分布在火星阿尔西亚火山的侧面,洞口宽100~252米,洞深在80~130米。这些洞穴发现的意义在于:洞穴可以为火星上的生命提供保护。也就是说,洞穴的存在,提高了火星上存在原始生命的可能性,因为洞穴可以保护火星原始生命免受微流星体、紫外线辐射、太阳耀斑及高能离子等侵害。当然,这些洞穴将来还可作为人类移居火星后的最初栖息地。

14. 火星的年龄、地名和火星时间

　　火星的年龄和地球相仿,都有40多亿岁,那么这个年龄是如何得到的呢?科学家是通过测定火星岩石的放射性同位素衰

变来获得的。放射性同位素有一个特点,每过一定的周期就有一半的原子会衰变成另外一种原子,这个周期称为半衰期。如果我们计算出半衰期,也就能知道火星岩石的年龄,也就是火星的年龄了,这样测得的年龄称为绝对年龄。还有一种火星的年龄是根据撞击坑的密度来估算的,称为相对年龄。火星地名不是天文学家灵机一动或心血来潮拍板产生的,而是经过认真挑选并经过一系列程序定下来的。首先由科学家提出备选名称。备选名称通常是这样确定的:对大的地名,会用大科学家、大作家的名字来命名;小的往往就用火星探测器中的重要设备命名,还有的是根据地球上相应的地质特征标定的。之后,将备选名称提交到国际天文学联合会的行星命名事务委员会,随后工作人员便按一定的程序开展命名工作,通过正式的选定程序,最终由官方将确定的名称收入火星地名词典中。火星上的地名大多具有纪念意义,如"好奇号"火星车的登陆点被命名为"布拉德伯里着陆点",就是为了纪念科幻小说家雷·布拉德伯里。

至于火星时间,火星上计时和地球上相似,但两者之间也有差异,因为火星上的一天比地球上长 39 分 35 秒。这看上去不算多,但按火星时间生活,累计起来也不是个小数字。一个火星年大约相当于地球的 1.88 年。具体计算是这样的:首先把 1 个火星日等分成 24 个火星时,1 个火星时有 60 火星分,与地球上相应单位换算因数就是 1.027 5。也就是说,不管在火星上还是在

地球上,1 小时等于 15 经度,1 分钟等于 15 分经度,1 秒钟等于
15 秒经度。

15. 火星矿藏

　　过去的 35 年中,人类有 6 个探测器在火星上着陆,是它们将
人类的感知延伸到了另一个星球的表面。它们具有极其宝贵的
科学价值。在这些着陆器所得出的科学发现中,最重要的是"机
遇号"在 2004 年 11 月对一个名叫"忍耐"的撞击环形山进行的考
察,检测到了一种值得注意的矿物——石膏。石膏是一种非常
软的矿物,在火星表面被大量发现。尽管现在我们还不能把这
些物质带回地球做进一步的检验,但它成为我们寻找火星生命
的另一项重要证据。石膏的化学分子式是 $CaSO_4 \cdot 2H_2O$,被称
为"二水硫酸钙"。这里的"二水"具有重要的意义,因为这表明
两个水分子与硫酸钙分子松散地结合在一起。如此的结合方
式,在地球上我们已知的唯一例子就是石膏,其形成条件是钙和
硫酸离子要在液态水中静止足够长的时间。在火星表面很多地
方都发现了大量的石膏,看来唯一的结论就是在火星上一些地
方曾有过静水。如果关于石膏的发现所做的解释是正确的话,
那么这就是火星历史上有生命出现所需条件的最重要的证据
了。从石头的微观证据,到后续在遍布沙丘各种复杂地质构造
中石膏的发现,火星上的所见之处都表明曾有水覆盖在火星的
表面。火星是这样一颗曾有海洋和洪水,以及大片静水,还有水

文循环的行星,这一切都是人们在火星干旱的尘土之下的新发现。

16. 火星上的"运河"

意大利布雷拉天文台台长斯基亚帕雷利是专门研究行星表面的天文学家。1944 年,42 岁的他在连续几个月对火星观测后,写下了这样的话:"尽管火星极其模糊不清,但火星表面上确实存在着复杂的'canali'。""canali"意大利文的原意为"有规则的线条",偶尔也含"沟渠"的意思,与英文最恰当的对应词应是"channel"。然而,由于翻译人员的失误,竟然将"canali"译作了"canal"。这一字之改,真是"差之毫厘,谬以千里"! 因为英文中"canal"是"人工开凿的河道",亦即"运河"。于是,引发了一场轩然大波,争论之持久绝无仅有!"火星上存在大运河"之说风靡一时。也有不少天文学家和爱好者甚至画出了逼真诱人的"火星运河图",直至最后变成了"运河网系统"。天文爱好者洛厄尔对火星拍摄了多达几千张照片。依据这些照片,他精心绘制了180 多幅"火星运河图"。他认定火星上有运河,甚至说,能否看清火星上的运河"正是鉴别天文学家观测水平的'试金石'"。"运河"的神话直到 1965 年才宣告破灭,因为当年 7 月 5 日,美国的"水手 4 号"探测器从离火星 9 850 千米处飞过,向地球发回了 21 幅火星近地面照片,人们看到原来认定的"运河"其实是排成一条线的大小环形山! 再回过头来想想,火星距离地球 5 000 多万千米（在大冲时），火星运河如果能被地球人观测到，那么这条运河至少得有几十千米宽才有可能！这显然是不可能的！

17. 火星上的"狮身人面像"

1976 年"海盗 1 号"宇宙飞船发回了一组震惊世界的照片：在火星上存在着一些类似于埃及金字塔的建筑。从照片上可以清楚地看到：在一座高山上耸立着一块巨大的五官俱全的人面石像，从头顶到下巴足足有 16 千米长，脸的宽度达 14 千米，与埃及狮身人面像——斯芬克斯十分相似。在人面像对面约 9 千米的地方，还有 4 座类似金字塔的对称排列的建筑物。根据照片显示，火星上的"狮身人面像"有着明显的棱角，并且在它的周围还有好多个类似"物体"。说是物体，主要是因为它们实在不像是自然形成的地形。研究人员宣称：用精密仪器对照片进行分析，发现人面石像有非常对称的眼睛，并且还有瞳孔。科研人员在认真分析、对比后认为，最具说服力的证据是"对称原理"，一个物体如果符合绝对对称，就不难证明其出自人手，而非自然天成。地质学家埃罗尔托伦也认为那种对称现象在自然界根本不存在。人们继续对这些照片进行研究，发现火星上的石像不止一座，有许多座，并且连眼、鼻、嘴，甚至头发都能看得很清楚。

一直到 1998 年，"火星全球勘测者号"探测器凭借高清晰照相机，拍摄到更详细的照片，证明人头雕像其实是一种天然的台地，一个孤立的、相对平顶的小山。台地在火星上相当普遍，在地球上的许多地方也有很多。2001 年 4 月 8 日,"火星全球勘测者号"再次飞临出现神秘"狮身人面像"的地方,从同样的高度和角度拍摄了更清晰的照片,并用激光测高仪测量了数据,合成了三维透视图。后来,"火星快车"和"火星侦察兵"都执行过同样任务。当人们看到这些十分清晰的照片后,不再有人怀疑,火星上的"狮身人面像"不是出自大自然的杰作。

(二) 火星上的待解谜团

1. 火星上的 UFO

不明飞行物(UFO)是当今世界的科学悬案之一,自 1947 年首次发现至今,世界各国每年都能收到成千上万件"目击报告"以及有关的照片、录像等资料。地球上的 UFO 已经让人不知所以然,现在又传出了火星上也冒出了 UFO! 据英国广播公司(BBC)2004 年 3 月 18 日报道,美国的"勇气号"火星探测器在研究火星大气时,意外地拍到了一张从火星上空飞过的呈雪茄状的不明小飞行物的照片。显然这是从另一颗行星上看到的第一个 UFO。事实上"勇气号"能捕捉到这个画面非常偶然,因为虽然它在火星上,却很少有机会将镜头对准太空。这一次"勇气号"上的全景照相机获得了意外之喜,捕捉到了正在穿越火星天空的不明飞行物,这个 UFO 是什么? 美国国家航空航天局的科学家称,它是当时火星天空中最明亮的物体。如果这个 UFO 不是流星,那么它极有可能会是仍在绕火星运转的 7 艘被废弃的火星探测器中的 1 艘。美国得克萨斯州的马克·莱蒙博士说:"我们可能永远都不知道它到底是什么,但我们仍在积极寻找线索。"但无论如何"勇气号"捕捉到 UFO,这本身已经够幸运的了,别忘了,"勇气号"的主要任务可是研究火星表面的岩石和土壤,探查火星上是否有水或生命的迹象。

从这个不明飞行物的运行轨迹来看,科学家认为它不是俄罗斯火星探测器"火星 2 号""火星 3 号""火星 5 号",也不是美国的火星探测器"水手 9 号"。如此一来,只剩下 1976 年登上火星的美国两艘探测器——"海盗 1 号"和"海盗 2 号",而发送它们的两艘飞船至今仍在轨道中飞行,此外"海盗 2 号"的轨道运行方式也符合不明飞行物南北方向的飞行轨迹。因此,如果不明飞行物真是被废弃的火星探测器,那么它极有可能是当年运载"海盗 2 号"的飞船。另据报道,"火星全球勘测者号"探测器于 2000 年 1 月 11 日也曾拍摄到整体形状呈心形,以及三角形的物体的照片。此外还有许多结构特征似乎也能证明那是一个人造物体,或者是该物体坠落到火星表面之前,飞船推进装置造成的痕迹。事实上,"海盗号"火星探测器于 1976 年也曾拍摄到类似的场景。也就是说,该物体是第二次被人类拍摄到。不管最终能否证明这个说法,但有一点或许是可以肯定的:它不会是"外星人"的产品。

2. 两张震惊世界的照片

1994 年,美国发射的"火星观察者号"探测器准备在火星上做"实地考察"。但在进入火星轨道时,突然失踪。俄罗斯在最近几年里发射了多枚火星探测装置,只有两枚在火星上着陆成功。就在美国"火星观察者号"失踪的前 13 天,将拍摄的两张震惊世界的照片传回地球。一张照片是火星上的一座巨大的人头雕像。它是从火星上空另一个角度近距离拍摄的。另一张照片更令科学家百思不得其解,照片上竟出现了一只巨大无比的鱼形太空生物:它长着一条鲸鱼般的大尾巴,扁圆状身躯,金鱼一样的大眼睛,张着三角形的大嘴,背景上充满着大大小小闪烁着的宇宙星光。

NASA 的专家认为:在对火星的考察进入关键期,发生"火星观察者号"失踪和地面接收到它发回的"太空鱼怪"照片这两件事并非偶然。有人认为,"火星观察者号"的神秘失踪,可能是火星上的智慧生物将它击落。太空鱼怪,可能是火星上的智慧生物制造的一种用特殊动物外貌作伪装的大型宇宙星际母舰。

早在 15 年前,NASA 的科学家研究"维京 1 号"火星观察卫星发回地球的数千张照片。科学家在照片上发现多张矗立在火星上的巨大狮身人面像。研究人员用计算机处理了两张不同角度拍摄的火星照片,结果清晰地显现出人像的眼球和半张着嘴巴的牙齿。俄罗斯的火星观察卫星也拍摄到了巨大的狮身人面像。俄罗斯的著名太空学者阿温斯基博士向记者展示了几张从火星观察卫星上发回的照片。在巨大的狮身人面像 7 千米处，有 11 座金字塔，4 座大的，7 座小的，简直是一座城市。奇怪的是从 1992 年 9 月开始，从火星上拍回的照片，那张"人脸"消失，变得无影无踪了。此事使火星文明之谜，更蒙上了神秘的色彩：为什么图像会忽隐忽现呢？

3. 有火星诺亚方舟吗

NASA 的科学家在"维京 1 号"火星观察卫星发回的数千张火星照片上，发现了几张巨大的人的面部，眼睛、眉毛、头发、嘴唇和鼻子十分清楚，就连两个鼻孔都能看见。这是一位长相英俊、潇洒的男性脸，因为它嘴唇上有胡须。这张照片的出现，不能不引起美国科学界的震动。奇怪的是从 1992 年 9 月开始，从火星上拍回的照片，那张"人脸"突然消失，变得无影无踪了。此事使火星文明之谜，更蒙上了神秘的色彩。为什么图像会忽隐忽现呢？1997 年 7 月 4 日，美国"火星探路者号"探测器在火星着陆，当时数百万美国电视观众坐在电视机前焦急地等待着"火星探路者号"从火星上传回新的发现。但令人遗憾的是，"火星探路者号"在火星着陆和"外来者号"漫游车在火星上行驶的镜头并无惊人之处，已向观众播放，但另外一个震惊世界的场面却并未向观众播放。"外来者号"漫游车上的摄影机镜头里清晰地出现了一艘酷似诺亚方舟的高大船体，它半埋在一片沙滩上。

据说，NASA 的科学家立刻接到一道严格的命令："在官方当局尚未决定向社会公众发布这一令人绝对难以置信的震惊世界的新闻之前，必须守口如瓶！"但 NASA 的一个工作人员却已把这张"火星诺亚方舟"的照片转交给一位天文小组的负责人。这位天文家认为：火星诺亚方舟照片是昔日火星上曾发生巨大洪水、天然灾害造成悲剧最有说服力的证明。这场大洪水给火星上的智慧生物带来了巨大的灾难。

"火星诺亚方舟"真的存在吗？

4. 火星上的声音和会移动的沙丘

NASA 曾接收到"凤凰号"探测器上的麦克风在火星上发出的一些奇怪声音：当它随着降落伞下降时，发出有如细雨淅淅沥沥的声音，继而在雨滴声中出现啸叫声，且声音越来越尖细，异常刺耳。最后当着陆反冲发动机打开时，声音则变成似机器迸发出的吼声，这是人类第一次听到火星上传来的声音。美国科学家还发现，火星上有十几处沙丘每年都会移动数米（这是个不小的距离）。这一发现推翻了过去普遍认为火星地表的黑色沙丘基本上是不动的结论。以前曾认为黑色沙丘粒子大，难以被风力吹动，即使被移动也是极微小不易觉察出来的。之前，科学家就发现"勇气号"和"机遇号"火星探测器的太阳能电池板遭遇了移动中的火星沙粒撞击而出现故障。

5. 火星的两张"脸"

火星的南北半球两面存在着巨大差异,北半球平坦而且地势较低;南半球地表崎岖,海拔比北半球大约高4 000~8 000米。还有许多庞大的陨石坑,虽然现在有一些证据表明,这些陨石坑是由太空岩石撞击而成的。但火星南北半球海拔高度相差如此悬殊令科学家不解,至今仍是个谜!

火星表面

火星表面

二、百万年一遇——与赛丁泉彗星 "擦身"而过

2014 年 10 月 19 日,来自遥远的奥尔特云的 C/2013 A1 赛丁泉彗星与火星上演了百万年一遇的擦身相会。随着航天技术尤其是深空探索能力的增长,那一刻人类居然拥有多达 7 个探测器在火星待命,从而使我们可以近距离探测研究来自奥尔特云的天体。这颗赛丁泉彗星以高达 56 千米/秒的相对速度在距离火星 13.95 万千米(只是地月距离的约 1/3)处擦身而过。

(一)赛丁泉彗星

赛丁泉彗星是 2013 年天文学家罗伯特·麦克诺特在位于澳大利亚新南威士州的赛丁泉天文台发现的,因此被称为赛丁泉彗星。实际上 2012 年 12 月,甚至提前至 10 月,卡塔琳娜巡

天望远镜和泛星计划望远镜就分别发现了它,在被赛丁泉天文台发现时,它距离太阳7.2个天文单位。赛丁泉彗星并不是稳定的周期性彗星,而是几乎注定一去不返的匆匆过客,天文学家第一时间就断定,它是来自奥尔特云也是第一次闯入太阳系内圈的彗星,开始了奔向内太阳系的旅程!这给科学家提供了一次研究太阳系在46亿年前形成时水和碳元素等物质的构成的良机。根据持续不断修正的轨道参数,天文学家计算出2014年格林尼治时间10月19日18时28分(北京时间20日凌晨2时28分)赛丁泉彗星将掠过火星。赛丁泉彗星虽没撞上火星,但它的彗发和彗尾扫过了火星。发生在1994年7月17~22日的"彗木大冲撞",是难得一见的天文奇观。而百万年一遇的赛丁泉彗星掠过火星,或许比"彗木大冲撞"更胜一筹!

(二) 密 集 的 探 测

目前火星上共有美、欧、印等国家和地区的7个探测器。其中包括美国的"火星奥德赛""火星勘测轨道器""火星大气和挥发演化"(MAVEN)三个探测器,欧空局的"火星快车"和印度空间研究组织的"曼加里安",火星地表还有美国的"机遇号"和"好奇号"两辆火星车,它们都可以用于对赛丁泉彗星进行近距离观测。赛丁泉彗星掠过火星时,会带来速度极快的微小颗粒或碎片,由于高达 56 千米/秒的相对速度,即使是很小的微粒也可能对航天器带来损伤,因此轨道器都躲到了火星另一面,火星表面上的火星车则受到火星大气的保护,倒是无须担忧被撞击。

彗星过后,探测器陆续发回观测成果。火星表面的"机遇号"火星车使用全景相机拍摄了赛丁泉彗星的照片,但由于分辨率问题,只能模糊看到彗星的身影。拥有高分辨率可见光相机的"火星勘测轨道器"在 13.8 万千米距离上成功拍摄了赛丁泉彗星的彗核照片,分辨率为 138 米。彗核直径很可能只有 300~400 米,只有人们以前推测的一半大小。"火星勘测轨道器"的光谱仪也拍摄到赛丁泉彗星,留下两幅红外照片,显示出彗核和环绕的彗发。2015 年 9 月 22 日才进入火星轨道的 MAVEN 没有可见光相机,但带有大量气体传感器,它将研究彗星飞掠火星后对火星大气层带来的影响。美国的"火星奥德赛"计划使用热辐射成像系统观测赛丁泉彗星,不过没有拍到相关照片。欧洲的"火星快车"和印度的"曼加里安",还有地面的"好奇号"火星车,也没有相关的消息。

(三) 撞击的可能性

如果与火星撞击将产生前所未有的大爆炸。虽然据"火星勘测轨道器"的最可靠观测,赛丁泉彗星的直径只有数百米而不是人们认为的数千米,撞击能量也就没有最早预计的 1 亿亿吨 TNT(烈性炸药)那么大的当量了,但真要撞上火星仍是很壮观的,如果撞上地球,更是巨大的灾难。那么会不会有一天有一颗奥尔特云彗星会撞向地球呢?

由于木星和土星两个大行星的存在,为内太阳系的类地行星挡住了大部分长周期彗星和小行星,近日点只有 1.4 个天文单位的 C/2013 A1 赛丁泉彗星是比较罕见的,不过人类仍不时观测到长周期彗星闯入内太阳系。面对这些高速的天外来客,人类对"天地大碰撞"的担心并不完全是杞人忧天。

天文学家发现赛丁泉彗星后,曾估算它撞上火星的概率为 0.08%,随后根据观测数据的增多,人们不断修正它的轨道参数,它撞击火星的概率开始降低。2013 年 3 月它撞击火星的概率还是 0.05%,4 月根据喷气推进实验室近地天体项目办公室的修正,彗星飞掠时距离约为 11 万千米,相撞的概率约为 1/120 000,杜绝了赛丁泉彗星撞击火星的可能。不过我们还是无法安枕无忧,毕竟对 C/2013 A1 赛丁泉彗星的轨道预测还是有很大偏差,而接近后虽然预测精度增大了,但这种奥尔特云天体速度很快,留给我们的反应时间短得多。应该说,人类目前还没有拦截摧毁这种彗星和行星的能力,不过幸运的是,来自奥尔特云的彗星出现频率很低,综合算下来被撞击的可能性很小。

火星车

火星车

三、远征火星

　　自从"阿波罗号"航天员登上月球之后,火星已成为人们心目中理所当然的下一个探测目标。到目前为止,已经有超过30个探测器到达火星,对火星进行了深入的探测,并向地球发回了大量的数据。其中尤以美国、俄罗斯等国在火星探测中屡建奇功。毋庸讳言,人类发射的火星探测器,特别是早期发射的,大约有2/3都没能完成赋予它们的使命,不是折戟太空,就是去向不明,但是火星的探测却在一次又一次的失败中不断前进:"机遇号""勇气号""好奇号"……这些火星探测器不是都成功地登上了火星,取得了非凡的探测结果吗?

（一）火星探测的前前后后

　　1962年11月1日,苏联的"火星1号"探测器从发射场启程,飞向遥远的火星。这枚探测器成功进入了前往火星的轨道,计划于 1963 年 6 月 19 日到达火星,但是当它 3 月 21 日飞行到距离地球 1.06 亿千米时,与地面失去了联系,这次火星探测失败了。事实上,"火星 1 号"并不是人类火星探测的首次尝试。在此之前,苏联已经发射过 3 颗火星探测器,均以失败告终。其中前两颗连地球轨道也未能到达,第三颗也仅仅到达了环绕地球的轨道。苏联/俄罗斯火星探测的历史几乎将"坎坷"一词演绎到极致,50 多年来,苏联/俄罗斯共发射了 20 颗火星(包括火星卫星)探测器,除"火星 2 号"和"火星 3 号"取得瞬间的辉煌之外,其余绝大多数都如石沉大海般无声无息。

美国的第一次火星探测也以失利告终。1964 年 12 月 5 日,"水手 3 号"探测器发射升空,因探测器的保护外壳未能按预定计划与探测器分离,导致探测器偏离轨道,最终失败。火星探测首飞必败,几乎像魔咒一般缠绕着人类。日本是第三个尝试火星探测的国家。1998 年 7 月 3 日,日本发射了"希望号"火星探测器。在艰难地飞行了 5 年之后,它最终被放弃,日本的首次火星探测行动也宣告失败。而中国的首次火星探测同样遭遇挫折,"萤火 1 号"先是因故推迟发射两年,而两年后的发射又因俄罗斯探测器出现故障而失败。虽然悲剧一再上演,但火星的巨大吸引力,使人类探索火星的行动不但没有停止,反而愈挫愈勇,并取得了巨大成就。

人类火星探测的成功记录始于 1964 年 2 月 28 日,美国"水手 4 号"在成功发射升空后,成为有史以来第一枚成功到达火星并发回数据的探测器。"水手 4 号"于 1965 年 7 月 14 日在火星表面 9 800 千米上空掠过,向地球发回 21 张照片,此后又在环绕太阳轨道上花费 3 年时间对太阳风进行探测。"水手 4 号"发回的数据表明:火星的大气密度远比此前人们认为的稀薄。

之后,美国的"海盗号""奥德赛号""勇气号""机遇号""凤凰号"等探测器都取得了空前的成就。2012 年 8 月 6 日成功登陆火星的"好奇号",到目前为止表现优异,让人们产生了新的期待。

(二)火星探测器中的数个第一

第一个成功飞越火星的探测器是"水手 4 号",它于 1965 年传回了第一张火星表面的照片。"水手 4 号"探测器除了近距离对火星进行科学观测并将结果传回地球外,还在火星周围执行行星际的地表及粒子测量,为星际航行提供经验。"水手 4 号"成功地完成了赋予它的全部任务,传回大量有用的资料,记录到了 83 次微陨石撞击。科学家从"水手 4 号"发回的图片分析得出的结论是:陨石坑与稀薄大气层显示,在该行星上存在智慧生物的可能性极小,即使存在,也是很小、很简单的。

第一个环绕火星探测的是"水手 9 号"探测器。它于 1971 年 5 月 30 日发射升空,同年 11 月 14 日抵达火星,成为第一个环绕火星的探测器。与此同时,"火星2号"和"火星3号"也在同一个月抵达,传回了十分清晰的火星表面照片。资料记载,"水手9号"抵达火星时,火星上正爆发严重的沙尘暴,地面一片黄蒙蒙模糊不清,"水手9号"上的电脑无奈被迫停工,直到几个月后沙尘暴平息才开始正常工作。"水手9号"在轨时间349天,共发回7 329张照片,超过80%的火星地表被覆盖在内。照片揭示了火星上的河床、陨石坑以及巨大的火山(如奥林匹斯山)、峡谷(如水手谷)等。火星上的水手谷就是因为"水手9号"的卓越功绩而命名的。

第一次向地球发回彩色立体照片,第一次采用自由下降方式降落在火星表面,第一次携带机器人登陆火星的是"火星探路者号"探测器。它的任务是探测火星大气和地质构造。它携带的小型机器人——"索杰纳号"火星车,重约10千克,使用太阳能动力,行驶速度最快为6厘米/秒。在"索杰纳号"火星车上还有一台阿尔法质子射线光谱仪,供分析岩石的成分用,并将分析结果传回地球。科学家发现,火星岩石成分竟然与地球岩石成分非常相似。"火星探路者号"探测器的功绩之一,是为以后的探索以及人类登上火星奠定了基础。

(三)"好奇号"火星车

为什么火星车会取名"好奇号"呢? 2008年11月18日,一场面向美国5~18岁学生的为新火星车征集名字的比赛拉开序幕,这是 NASA 为各种航天器向学生征集名字的惯例。来自美国堪萨斯州 11 岁的华裔女孩马天琪参加了这次征名活动,她为新火星车取名"好奇",并写道:好奇心是人类永不熄灭的火焰……没有它,我们将不是今天的我们。工作人员从近万名参加征名比赛的参赛选手中,先筛选出 30 名,再确定 3 名决一胜负,最后马天琪拔得头筹。在 2009 年火星车命名仪式上,"好奇号"火星车成为马天琪的忠实朋友。

"好奇号"火星车自 2011 年 11 月 25 日成功发射,至 2012 年 8 月 6 日以极高的精度登陆火星后,对这颗红色星球进行了一系列勘测,取得了重大成果。可以说,"好奇号"火星车是迄今登陆火星的最佳火星车。它取得的主要探测成果有:

1. 发现了古代火星河床

"好奇号"发现,在数十亿年前,这条古代河床还是一条有齐膝深水的河流。这说明在火星上,几十亿年前至少有些地方的环境是适宜居住的,或许那里还有生命存在。

2. 在火星上钻岩取样

"好奇号"利用冲击式钻头在名为"约翰-克莱德"的岩层钻孔,深达 6.4 厘米,这也是人类研制的探测器第一次在火星上钻孔取样,或许能爆出重大的新发现。

3. 证明火星曾出现适居环境

古代齐膝深河流的出现是火星曾经适宜居住的一个标志,而"约翰-克莱德"岩层中钻取到的粉末经过分析,其中有重要的化学元素硫、氮、氢、氧、磷和碳。这就再一次证明,这里曾出现有水环境,可能是一个湖泊,水呈中性,能够适宜生命的存在。

4. 测量火星辐射

对火星辐射的测量,可以使科学工作者进一步了解辐射可能对潜在的火星细菌和未来人类登陆火星造成的危害。这种测量是火星探索史上的第一次。测量结果显示,火星上的辐射水平与国际空间站中航天员受到的辐射不相上下。这一测量数据实在令人鼓舞!表明航天员在火星上即使执行时间较长的往返式任务,对航天员的身体也不会构成太大的影响。当然对着火星爆发的太阳辐射不在此列。

5. 使普通百姓对火星探索的兴趣大增

"好奇号"成功着陆至今,人们对"好奇号"的关注度可以说有增无减。"好奇号"传回地球的 4.9 万幅照片,人们可以到"好奇号"任务的主页上去欣赏。

6.“好奇号”的大获成功,能够在预算紧张的情况下向“行星科学”探索继续加注动力

2013年NASA行星科学研究计划经费曾被削减20%。“好奇号”的成就或许会使情况有所改观。正如行星科学负责人格林所说,“好奇号”对我们是一个巨大的机遇,相信它会开启太空探索的新时代!

（四）火星上找到了“猎兔犬2号”

2015年1月16日,欧洲空间局宣布,美国“火星勘测轨道器”拍摄的高分辨率图像证实,失联十余年的欧洲“猎兔犬2号”火星着陆器已成功在火星表面着陆,由于故障导致其无法与地球联系。在新闻发布会上,英国航天局表示“猎兔犬2号”顺利完成了进入、降落和着陆过程,最终安全登陆火星。只是部分展开太阳能电池板和传感器阵列是造成无法与之取得联系的原因所在。科学家对登陆区进行分析后表示,“猎兔犬2号”登陆器曾从火星表面弹起,降落伞分离,气囊在第二次弹起时破裂,随后又发生多次反弹。前“猎兔犬2号”项目和飞行操作小组负责人、莱斯特大学的马克·希姆斯教授表示,气囊可能在第二次触地时发生破裂,这一次的触地最为猛烈。他说气囊在设计上可以让部分登陆器滚动减速,如果一个发生破裂,滚动便无法实现,也就无法完全展开太阳能电池板,因为只有完全展开,才可以暴露出无线电天线,才可以向地球传回数据。在天线仍被罩住的情况下,科学家不可能获取"猎兔犬2号"的数据,也就难以锁定登陆器的方位。太阳能电池板完全展开后的长度不到2米——刚刚够为成像相机供电。新闻发布会上,英国航天局局长大卫·帕克尔说,历史书需要改写,清清楚楚地写上"猎兔犬2号"于2003年圣诞节成功登陆火星。这是一项令人兴奋的发现。

(五)印度"曼加里安号"火星
探测器成功入轨

2014年9月24日,"曼加里安号"火星探测器成功进入火星轨道,印度举国振奋。"曼加里安"在印地语中为"火星飞船"之意。2012年8月,印度宣布"曼加里安号"火星探测计划,这是印度空间研究组织(ISRO)第一次决定向地月系之外的天体发射探测器。事实上,先前所有进行火星探测的国家首次尝试都以失败告终,超过半数抵达火星轨道的努力也以失败结束。可是,印度仅用15个月就完成了"曼加里安"号的总装建造工作,可谓高速度。此外,"曼加里安号"重1.35吨,项目成本仅7 400万美元左右,实在"太便宜了",于是有媒体把"曼加里安号"的这趟旅程形容为"去往红色星球的廉价航班"。原因之一是印度人采用了"复杂问题简单化"的原则。"曼加里安号"探测器因为体积小巧,没有足够空间,整体约1.35吨的探测器还要囊括862千克燃料,所以印度决定将有效载荷数量从最初的33个减少到9个,最后只确定为5个:莱曼阿尔法光度计和火星甲烷传感器(用于火星大气研究);火星外层中性成分分析仪(主要分析火星粒子环境);火星彩色摄像机和热红外成像仪(用于收集火星表面图像)。这些设备的质量仅仅只有15千克,远小于美国MAVEN探测器的重量。虽然"曼加里安号"在科学功能上弱于美国MAVEN,甚至不具备环火星轨道圆化机动能力,但任务的简单化大大降低了探测器的研制成本以及整个航天任务的总成本。不过,印度国防研究与发展组织(IDSA)空间问题的研究员艾杰·拉勒表示:"印度火星计划更多的是完成技术实力展示任务,基本想法是测试和发展前往火星的技术。"2014年11月末,"曼加里安号"探测器被《时代》周刊评为2014年25项年度最佳发明,称其为"超智能航天器"。

火星探测有三大难关:动力关、测控关和入轨关。由于印度运载火箭的推力并不是很大,所以如何使探测器从地球发射后能获得第二宇宙速度脱离地球轨道,成为印度此次任务的最大难题。印度人"扬长避短",采用了星际飞行不多见的"弹弓法",让"曼加里安号"先在地球同步轨道上绕地球飞行了30天,获得了足够的速度后才向火星方向前进。专家戏称,印度探测器去火星"不是坐直达电梯"，而是通过扶梯一级级上去的。不管怎么说，"曼加里安号"的成功入轨，使印度成为继美国、俄罗斯和欧空局之后依靠自主研发实现火星探测的国家，也是全世界唯一在首次火星探测任务中就获得成功的国家。这些对印度来说更是意义深重：一方面，此次任务成功改变了西方对印度发展航天技术的怀疑态度，也证实了印度航天科技实力的不断提升，为提高印度国际政治地位增添了砝码；另一方面，这也证明了印度军事与国防总体能力的增强，有助于提升国内民众对印度国民经济发展的信心，同时带动印度经济的快速向前发展。印度相关专家也表示："如果认为在太空研究上支出只是富国的爱好，那这些质疑的人就不会认识到，建设国家需要像这次太空任务那样的伟大成就，可以鼓舞一代又一代的孩子们投身理论和应用科学事业。同时，在培养造福国家的人才方面，这种鼓舞的力量是不可估量的。"

近年来，印度航天"异军突起"。2008 年 4 月首次进行"一箭十星"发射，创下仅有少数国家能够实现的好成绩；同年 11 月，印度首枚无人月球探测器释放了一颗携有印度国旗图案的月球着陆器，并成功触击月球表面，仅次于美、俄和欧空局之后。印度国家科学院发布的报告称：2013～2014 年，印度完成了 11 次发射任务；而在 2009～2013 年，印度共计完成了 24 次任务。这些数据足以表示，印度的太空探索虽然开始得并不早，进展却很快。而如今印度进行载人航天试验，其航天工业的目标已不仅局限于在大气层外的近地空间,正在扩大到地球卫星甚至太阳系内其他行星。

印度探测器此次成功进入火星轨道,成为亚洲地区在火星探测领域的领先者。古人云:"博观而约取,厚积而薄发",学习一切值得学习的优秀经验,才能使得我国的航天事业走得更为稳健,更为长远。

(六)"我国火星探测应高起点"

"我国火星探测应高起点"——我国绕月探测工程首席科学家、长期系统开展各类地外物质、天体化学与地球化学等研究的中国科学院欧阳自远院士如是说。

欧阳自远院士认为,中国火星探测计划既要建立中国的火星全球数据库,又要在前人的基础上有独特的贡献。从科学目标来说,重点有以下几个方面:

第一,通过全球探测和区域探测相结合,完成火星全球地形、地貌、土壤和岩石的成分的勘测,获取火星全球数据,研究火星演化的历史;

第二,监测火星全球环境,包括火星电离层、磁场、气象变化等。火星大气压低,风速快,容易产生台风、飓风和沙尘暴;

第三,探寻火星生命或曾经存在过生命的遗迹。

2009年6月10日,中国科学院公布了"中国2050年科技发展路线图"。其中指出,到2050年左右,要实施载人登陆火星的战略目标。中国的火星探测计划共分为四个阶段:

第一阶段 准备阶段,对火星环境进行分析研究,制定探测目标,技术研发和寻求国际合作;

第二阶段 发射环绕火星的卫星,探测火星的环境(包括火星磁场、电离层和大气),为今后探测火星软着陆做准备;

第三阶段 发射火星着陆器和火星车,在火星上软着陆,并为在火星上建立观测站做准备;

第四阶段 建造火星表面观测站即在火星上建立观测站,并建立由机器人照料的火星基地,大力发展地球—火星往返式飞船,为今后的载人火星飞行和建设有人观测的基地提供条件。

(七)"萤火1号"壮志未酬

"萤火1号"是我国探测火星的先行者。研制团队从2006年10月开始预研到2009年6月胜利完成,仅用了32个月(一般需要5年左右)。他们克服的技术难关数不胜数,其中尤以在-260℃的超低温环境中,"萤火1号"不会被"冻死"的"深冷环境适应性技术""活动部件及电子器件的休眠—唤醒技术""整星磁清洁控制技术""深空测控技术"和"姿控自主控制技术"这5道关隘最为险峻、艰难。

"萤火1号"高60厘米,长和宽均为75厘米,太阳帆板展开可达7.85米,重110千克,设计寿命为2年。装有离子探测包、光学成像仪、磁通门磁强计、掩星探测接收机等8样特种设备,用以探测火星的空间磁场、电离层和粒子分布及其变化规律,探测火星大气离子的逃逸率,探测火星的地形、地貌和沙尘暴以及火星上水分消失的原因,等等。

根据计划,"萤火1号"需要先搭载在俄罗斯的"福布斯-土壤号"火星探测器上飞行10个月,然后分道扬镳独自进入绕火星的椭圆形轨道,在近火点(距离火星最近点,800千米)和远火点(距离火星最远点,80 000千米),轨道倾角±5°的火星大椭圆轨道上,实施探测任务。遗憾的是,搭载的俄罗斯"福布斯-土壤号"探测器在火星飞行的初期就折戟太空,致使我国的"萤火1号"壮志未酬。

2012年11月9日,俄罗斯的"福布斯-土壤号"火星探测器发射升空。它的主要目的是从火卫一上采集土壤样本并送回地球。该探测器同时搭载了中国首颗火星探测器"萤火1号",这是中俄联合探测火星的一次计划。当"福布斯-土壤号"探测器在与"天顶号"火箭分离进入近地轨道后,按原要求,探测器上的主发动机应即时启动,将探测器送入飞往火星的轨道。不幸的是,该探测器主发动机始终"沉默"。意外事故的出现,最终导致"福布斯-土壤号"和"萤火1号"双双夭折!

（八）美国的《十年规划》

2011 年 NASA 公布了《美国 2013～2022 年行星探测十年规划》,提出了未来十年火星探测的"新任务"——火星采样返回。2014 年 7 月 31 日,NASA 在"好奇号"成功着陆以及科学探测上不断获得新进展的基础上,又依据 10 年规划,公布了新一代火星探测器——"火星 2020 号"搭载的科学有效载荷。从规划及美国目前的深空探测态势看,"火星 2020 号"若能顺利推动,必将再次开启美国火星探测的十年黄金时期。规划指出,未来 10 年的重点将是火星采样返回任务,任务大致分 3 步来完成:

第一步由"火星 2020 号"来完成,将发射一辆火星车来收集和储藏样品,并放置于火星表面;

第二步由未来发射的第二颗火星探测器来完成,主要是提取第一辆火星车放置于火星表面的样品,并将样品送入火星轨道;

第三步将发射一颗火星探测器用来"抓取"位于火星轨道上的样品,并将样品带回地球。预计每次任务的间隔时间为 4 年。

"火星 2020 号"的科学使命仍将以围绕寻找火星生命这一主题展开。根据规划,"火星 2020 号"将继续以探寻火星表面过去乃至现在可能存在的生命信息,获取风化层、土壤、岩石、浅层结构等综合性的火星地质特性信息,并开展巡视探测和岩石/土壤样本采集返回。据此,"火星 2020 号"确定了两大任务:一是探测火星表面环境中潜在的宜居性和曾经可能存在的生命痕迹;二是收集和存储火星的岩石和土壤样本,并对其物理与化学等背景信息进行原位探测。如果说"好奇号"火星车是美国已成功登陆火星的"超级实验室",那么"火星 2020 号"将是美国即将组建的一个全新的也是最先进的火星"实验室"。

NASA 局长博尔登谈及"火星 2020"计划时充满信心:"我们又迈开了人类火星之旅的关键一步""'好奇号'是一座里程碑,它标志着人类对探索火星等地外行星的不懈努力。探索火星将是这一代人的宝贵财富,'火星 2020'计划将为人类探索火星迈出更为至关重要的另一步。"据悉,2018 年,NASA 还将发射"洞悉号"火星探测器。该探测器将探寻火星的内部构造特性,对火星的地质活动、地震、摆动和内部温度等进行测量,收集有关火星演化的数据,以便与地球的地质演化历史进行对比。与此同时,NASA 正在开展人类登陆火星并重返地球的相关领域的研究。美国希望能够在 21 世纪 30 年代将人类送上火星,"火星 2020 号"的样本采集和往返任务便旨在为载人火星任务铺平道路。

火星探测器

火星表面

四、准备登陆火星

　　自发现火星以来,人类就一直梦想着能够登陆火星。NASA
已启动项目,计划在21世纪30年代将航天员送上火星。但这一
项目真的具有可行性吗? 正如NASA官员萨姆·希梅米所说:
"登陆火星比地球到空间站的距离远出6个数量级,我们需开发
新的方式离开地球去生存,这种方式是前所未有的。"在人类能
力范围内登陆火星还存在一些相当严重的问题,如此规模的星
际项目将成为21世纪最昂贵、最困难的工程挑战。但乐观的
是,从技术上而言,该项目并非不可能,关键在于何时实行并投
入时间和金钱来研发必要的工具及技术。

(一)"灵感火星基金会"

　　为能早一日实现火星之旅,美国前火箭工程师、亿万富翁丹

尼斯·蒂托创建了"灵感火星基金会",目的之一是加速美国的太空载人探险计划,同时也可推动科学技术、工程以及教育领域的发展。蒂托在一份报告中认为,2018年将实现载人往返火星旅行,这是基于美国拟在2031年实现人类登陆火星时,蒂托本人因年龄关系或许会赶不上这个好日子而提早至2018年,这或许是"灵感火星基金会"最为看重的一条! 蒂托准备挑选一对已婚且已有了孩子的中年夫妇,作为2018年火星之旅的乘客。这对夫妻要自愿承受因长时间暴露在太空辐射中,可能会影响生育能力的风险。他们还要忍受一年半左右的时间里住在只有4.3米×3.7米的"龙"载人飞船舱的不适。由于一切仅以生存需要为目的,而且还要长时间处在失重状态环境中,这对男女乘客必须体格强健、心态平和。伦敦帝国理工学院天体物理学家西蒙·福斯特认为,要能顺利完成这次旅行,内心必须具有"难以置信的韧性"。好在这两名乘客是夫妻,精神上可以相互支持和鼓励,可以分享各自的内心感受。这应该归功于蒂托的"慧眼"!

将2018年1月定为这次"火星旅游"的时间,主要是由于火星的距离在这个时候较近,一旦错过这个时间,那就得等到2031年了,火星之旅要经历501天的太空生活,这比人类至今最长的太空生活纪录还要多出60多天。尽管整个旅途中,乘客并不会登陆火星,但会乘坐飞船进入距离火星表面大约160千米的轨道,与火星"亲密接触",欣赏火星的壮观与美景。正如美国国家空间研究院的阿努·欧嘉所说：这次火星之旅的最大亮点，是其显示出的人类身心前所未有的忍耐力。

（二）"火星500"试验

美国航天员在月球上留下的第一个脚印和"个人一小步，却是人类一大步"的名言已载入史册，但是与探月登月等相比，火星上的"第一个脚印"仍遥不可及！在飞向火星的漫长征途中，航天员必须长期处在一个狭小、密闭的航天器环境中，对人的承受能力提出了极大的挑战。从生理上来说，有可能使免疫功能下降，容易出现急性病症；从心理上来说，由于成员间文化背景、生活习性以及个性等方面的不同和差异，航天员会产生焦虑、紧张等情绪。再从医学保障角度来看，也是个棘手的问题，长时间的飞行及环境等条件极差，生病是很正常的事，生了病怎么办？通信时间的延迟也会带来种种麻烦，比如在火星上讲一句话，通过信息传输到地面需要十几分钟，就算信息立刻返回又是十几分钟，这一来一回时间的延迟，所造成的影响想想都可怕！凡此种种，都必须在把人类送上火星之前考虑清楚。我们必须在地面上模拟好载人探测火星的全部过程，才能对所出现的问题提前做好应对的准备。

为此，俄罗斯组织了一个多国参与的探索火星的国际试验项目——"火星 500"。它是人类首次在地面上模拟登陆火星和返回火星的全部经历。"火星 500"试验除了太空飞行重力变化和太空辐射环境没有模拟外,其他方面都做了逼真的模拟。具体模拟的是生活环境的模拟和飞行程序实验:在 520 天的向火星飞行中,全部按照真实的飞行状态 1:1 地模拟;通信和通信延时的模拟,与地面的通信完全模拟真实的飞行中天地通信的状态;登陆火星的模拟,模拟在火星上工作。参加"火星 500"试验的有 6 名志愿者,其中有一位名叫王跃的是中国人。他们共进行 3 次试验:2007 年 11 月 15~29 日的隔离试验,2009 年 3 月 11 日至 7 月 14 日、2010 年 6 月 3 日至 2011 年 11 月 4 日的后两次试验,其中最关键的是第三次共 520 天的试验,志愿者顺利完成了"火星之旅"。

(三)"火星 1 号"计划是追梦还是作秀

"火星 1 号"是由荷兰人巴斯·朗斯多普创立的非营利组织提出的计划。他们曾宣布将在 2022 年将首批 4 名志愿者发射升空,并于 2023 年登陆火星,此后每两年都将输送 4 名志愿者到火星。目前"火星 1 号"计划后延两年,2024 年发射载人火星飞船,2025 年到达火星。在载人单程赴火星之前,还要发射两颗火星通信卫星、火星漫游车和运货飞船。2033年,在火星上建成至少拥有20名地球人的火星乐园。

"火星1号"航天员的招募采用海选方式,全球从2013年4月22日启动至同年8月31日截止。海选的条件初看似乎并不高,如只需年满18周岁,身高在1.57~1.9米,视力达到1.0即可,甚至包括校正后或佩戴隐形眼镜后,等等。这些要求与传统航天员的选拔标准相去甚远。但若对照计划中航天员应具备的四大关键特征,可以说选拔门槛一点也没有降低:

第一,承受能力要特别强,始终能保持最佳的自我状态;

第二,适应性要强,能宽容他人,对待不同意见;

第三,要有好奇心;

第四,责任心强,有创造力,善于将不利转化为有利。

根据海选要求,航天员的筛选是反复进行的,并实行多批淘汰。之后,还要经过7年的专业和体能训练。因此与训练传统航天员并无太大的不同。若真是低门槛,岂不等于自毁长城?NASA前研究员诺伯特·克拉夫说:"原来的航天员选拔是以勇气和驾驶超音速飞机的飞行时间等要素作为首要标准的,而目前我们主要考虑的则是每位参选者如何与同伴协同工作,和谐生活,如何在漫长的地—火旅途中以集体方式来应对困难和挑战。"2013年4月22日,在美国纽约召开首场"火星1号"记者招待会,对外宣布招募火星航天员的活动正式启动。随后,应者如云,当天就收到了大量的应聘简历。4天后,"火星1号"团队又在上海举行了第二场发布会,亚洲人也开始关注这场庞大的世界级招聘。5月7日,招募活动刚刚开始两周,"火星1号"团队就喜出望外地对外宣布,已经收到了来自120多个国家的共计7.8万份简历,其中美国和中国的报名者最多。

航天专家质疑"火星1号"的计划是一场"作秀",根本不可能实现,存在很多薄弱点甚至漏洞。NASA主管"好奇号"火星探测项目的官员托斯特·佐恩专门针对"火星1号"的招募方式以及所宣传的单程载人火星探测有去无回质疑说:"火星移民计划是一项严肃的科学工程,还是一个靠赚足眼球来吸金的商业真人秀?"他甚至直斥道:"本着对生命负责的态度,科学家首先要确保这是一个能够自由往返的旅行。如果人不能适应在火星环境中的生存,志愿者至少应该有要求返回地球的权利。"显然,在他看来,"火星1号"不但不切实际,而且有侵犯人权的嫌疑。此外,NASA喷气推进实验室的资深专家路易斯·弗里德曼、荷兰莱顿大学国际空间法研究所副所长马松·茨万恩等专家都或委婉或直截了当地表达了这项任务不可能实现的意思。

巴斯·朗斯多普也坦言,这项计划也许不能如期实行,"它非常复杂,我们料想到不能按期实现计划的可能性比较大。"但"只要这个计划还有进展,我们就不会停止脚步。如果我们判断这个计划不能实现,那就不会继续了。"朗斯多普还解释了为何选择单程的理由:"把人送上火星,让他们活下来的技术是存在的,但让他们返回地球的技术并不存在。"不久,"火星1号"又发布了一条声明:这项计划虽然复杂但充满雄心,基于目前航天界拥有的技术应该是可能实现的,再从蓬勃发展的商业航天角度来看,也具有可行性。除此之外,声明还列举出了一些已被他们聘请为顾问的知名学者专家,以说明他们不是商业欺诈行为,其中不乏重量级人物,如荷兰乌特勒支大学物理学教授、1999年诺贝尔奖得主杰拉德·特·胡夫特。他在采访时说,也曾质疑过这个计划,但通过了解"火星1号"所从事的研究后,就开始相信人类能在10年内登陆火星。

移民火星的困难是众所周知的,即使是探测火星也已遇到很多难题。比如距离远,地球距火星有4亿千米之遥;通信延时长,信号来回大约需要半小时;由于距离远,导致测轨精度必然降低,需要采取新技术来保证飞行器制动的准确性;同样由于距离远,飞行时间也更长,从地球飞到火星单程就需要10个月。更让人头疼的是,在这10个月的飞行中,"日凌"现象对测控通信的影响将达两个月左右("日凌"是太阳、地球、飞行器处于同一条直线上,太阳辐射会影响通信……),诸如这样的难题还有很多。

那么,"火星1号"计划绘就的美好蓝图会不会成为镜中之花?该计划会不会像一场商业炒作,借科学的光环来牟利?对一项庞大的科学探索,存在多种看法和预判并不奇怪。即使计划以失败告终,也必然会留下值得后人借鉴之处。

（四）登陆火星存在的问题

航天器的发射及着陆，人类在 50 多年前就已取得成功，但载人火星任务的规模比以往的任何航天项目都大。它从起步开始就面临着许多问题。

首先需要解决的就是载人火星航天器的发射问题，即运载火箭问题。到目前为止，还没有一种能够将携带着航天员和到达火星必需的供给与燃料的运载火箭从地球直接发射升空。最有可能的解决方法是，火箭通过几次发射将航天器的供给和零部件送入近地轨道，航天员再不断利用这些零部件与供给组装成巨型航天器，最后飞往火星。但这仍是一项非常繁重的工作。据了解，能将人类送往火星的飞行器质量约为 1 250 吨。NASA 航天工程师布雷特·德雷克称，使用现有的火箭，需 70～80 次的飞行来组装火星飞船。不过在未来，这项任务会容易很多。NASA 正在研制新型太空发射系统 SLS 火箭，它将是有史以来最大的火箭，甚至比登月用的"土星 5 号"运载火箭还大。若利用该火箭，NASA 估计至少需发射 7 次才能将供给和登陆火星的飞船等送入地球轨道。此外，SpaceX 公司也正致力于研发新型"猎鹰"重型运载火箭，其载货能力比 SLS 火箭略小一点。

其次是燃料储存问题。载人火星任务中，发射去太空的初始物资中大约 80% 将是燃料。而在太空储存如此大量的燃料是非常困难的。处于近地轨道的物体每90分钟绕地球一圈,巨大的温差会导致火箭燃料——液态的氢和氧蒸发。氢极易从容器中泄漏,每月大约要损失4%。若火星项目需在近地轨道停留一年,那么在飞往火星前,燃料将损失近一半。此外,除非定期通风,否则存有这些燃料的容器极易爆炸。NASA长时间致力于开发在空间储存燃料的新技术,目前正在试验空间大型低温装载和转换推进剂技术。该技术对于载人火星任务具有重要价值,它将在太空设立一个长久的气体仓库随时为火箭补给燃料。

还有一个大家公认的问题,即如何才能使人安全而简单地着陆火星。稀薄的火星大气层无法很快撑开大型降落伞,使人类安全着陆火星。NASA的专家们正致力于研究高超音速充气系统——这是一些巨大的类似球状的物体,展开变硬后将成为一个超刚性降落伞,可帮助飞行器减速。此外,人类着陆火星的关键技术是超音速推进技术。NASA已进行过的试验研究表明该技术在理论上是可行的。

(五)登陆火星面临的难题:
航天员的安全与健康

航天员的安全与健康问题,是科研人员关注的焦点。NASA健康和医疗事务专家萨拉琳·马克说:"对于具有最复杂系统的人类身体来说,太空是个危险的地方。"

1. 太阳辐射

航天员一旦处于保护人类的地球磁场之外,太阳辐射将在他们体内积聚,从而增加他们患癌症的可能性。人在进行长期的太空飞行时,面临着两种不同的辐射危险,一种是长期、低剂量的银河宇宙射线(主要是质子和重离子)对人体的损伤;另一种是可能遇到偶发的、高剂量的太阳高能粒子辐射。NASA 的"好奇号"得出证据显示,踏上地球—火星往返之旅的航天员将面临宇宙射线的大剂量辐射和高能太阳粒子的侵袭。NASA 表示火星飞船受到的辐射剂量大约相当于地球上年平均暴露剂量的 100 倍。银河宇宙射线高能重离子的电离辐射能力很强,不容易屏蔽,它可以穿透舱壁,造成航天员组织器官的严重损伤。电离辐射通过直接作用和间接作用对生物活性物质产生作用。直接作用是作用于生物活性物质(如 DNA),通过电离和激发使其受损。如果只是影响到 DNA 的单链,还可以通过酶的作用,将受损的部分自行修复。如果双链突变,就会出现错误的修复,导致基因突变和染色体畸变,引起细胞死亡,特别是对一些辐射敏感的细胞(如精原细胞和卵母细胞)影响更大,从而影响到生物体的繁殖能力。如果生殖细胞变异,可引起遗传性疾病。另一个后果是引起细胞变异,使细胞失去控制,异常增殖,形成癌症。辐射的间接作用是产生自由基。自由基缺少配对的电子,是一个十分活跃的物质，它可以使生物体的 DNA、RNA 或蛋白质大分子受到损伤。辐射与活性物质中的分子或原子(特别是水分子)起作用能产生自由基，使活性物质受损。据专家估计，宇宙辐射像原子弹爆炸一样，可以引发人体两种效应。一种是短期效应，也就是在受到宇宙辐射照射后很快出现的反应，主要是引起航天员出现食欲减退、恶心、呕吐、腹泻等胃肠道反应，出现白血病和出血、感染等。如果照射的剂量很大，可能导致急性放射病，甚至死亡。另一种是长期效应，也就是宇宙辐射对人体的危害不会立即表现出来，而是"逐渐"显露，引发航天员出现中枢神经系统病变、不育症，甚至癌症。

在设计新的太空飞行器和进行火星飞行前，需要估测发生极大耀斑的概率，预测航天员暴露于辐射下的后果，采用一些有效的防护措施。由于人类目前的太空飞行尚处于近地球轨道飞行，这些工作还没有很好地开展。而且，在地面或地球轨道上要进行这方面的研究，很难真实地模拟宇宙辐射的环境。所以，宇宙辐射成为火星探测的第一只拦路虎。NASA 的"好奇号"火星探测器近期得到的数据已量化了辐射的量级和危险程度。类似太阳耀斑和高能粒子的大爆发，可能将潜在的致命剂量的射线作用于宇宙飞船。此外，太阳粒子活动降低，会使来自宇宙的射线增加，这些辐射同样是危险的。目前，最可行的解决方案是用水围绕宇宙飞船，水能吸收射线，并在一定程度上遮挡太阳风暴。但水的质量较大，将提高航天项目的成本。据报道，英国卢瑟福·阿普尔顿实验室计划在飞船周围打造一个防护罩,模拟地球上的磁场,对飞船以及航天员进行保护。他们的研究发现,如果让磁场环绕等离子流中的一个物体,质量极轻的电子会沿着施加的磁场移动,但离子并不会沿着磁场线移动。离子的速度很快,会出现飞过头的现象。这样一来,就得到了一个持续电场,足以折射或者偏移磁穴内的大量辐射,就像地球的磁气圈一样,形成一道保护航天员的屏障。他们希望将研制的防护罩按比例放大,应用于真正的宇宙飞船。上述想法是否可以实现,还有待今后的研究证实。

2. 微重力环境

除了辐射以外,载人火星之旅面临的最大挑战将是微重力环境,它会导致一系列奇怪病症和心理问题的出现。据目前所知,人如果长期处于微重力状态下,会导致骨骼钙质丢失,肌肉萎缩,视神经肿胀等问题。如果不予检查和治疗,到达火星的航天员可能身体虚弱、骨质脆化甚至失明。目前,NASA 已计划让航天员在国际空间站停留更长时间,以便更好地研究这些因素。先进的医术和有规律的锻炼有助于解决航天员身体受损伤的问题。

微重力环境是一个失重和低重力的环境,这种环境对人体的影响随着飞行时间的延长而加大。最短时间的火星探测任务也要 500 多天,航天员在往返地球的路途中,都生活在这种环境里,对航天员健康的损害自然比近地轨道的飞行大。另外,在围绕地球轨道飞行时,航天员因失重引起的人体变化,回到地球后通过"调养"可以较快地恢复,不会严重地危害航天员的健康。但是,火星探险就没有这种条件了,航天员经过长期失重飞行才能到达火星 0.39 g 的重力环境。到达火星后,不仅没有条件进行"调养",而且要立即投入紧张的工作和火星探测活动,工作负荷量是很大的。这对一个已经被长期失重环境折磨得很"虚弱"的人来说,是很困难的。这样"虚弱"的人,在完成繁忙的火星探测任务后返回地球时,还要耐受火星飞船发射时的超重、返回途中的长期失重、返回地球时的超重,航天员的身体是否"吃得消"? 返回地球后会不会出现一些"不可逆"的疾病? 这些在现在都是未知数,是航天医学家十分担心的问题。此外,急救也是个问题——航天员在失重飞行期间有可能患上不同的疾病,一些小"毛病",航天员可以自行解决,吃点药或者"扛"一下就解决了,有一些疾病在地面医生的远程指导下也可解决。如果发生严重的疾病,航天员无法自行解决时,可派飞船将患病的航天员接回地面诊治。一些医学研究的证据表明,在航天飞行期间有可能出现潜在性的医学紧急事件,例如,出现潜在性的致命和非致命的心律不齐、心脏病发作、中风、栓塞、大出血等紧急情况。在地球轨道飞行时,若出现这种情况,可接回地面治疗。但在火星探测任务时,由于飞行时间长等因素,不但发生严重疾病和外伤的机会明显增加。而且航天员一旦出现严重的疾病,无法返回地球医治,只能"听天由命"了。所以,要实现火星探测任务,必须解决这个难题。

3. 心理障碍

长时间的太空旅行只考虑生理因素是不够的,还要考虑心理健康问题,也就是心理障碍。航天中的心理障碍,轻则引起工作能力的下降,重则影响整个任务的完成。例如,科学家统计了"和平号"空间站的第18、21、23次飞行中航天员的心理状态和误操作之间的关系。结果证明,航天员的误操作与心理状态和工作休息制度的特点有密切关系。"礼炮6号"和"礼炮7号"中的航天员,由于座舱中的噪声刺激、接收到一些不受欢迎的信息,以及对来自地面控制中心的口头传达命令的不满,心理紊乱越来越明显。航天员和地面的关系变得复杂。随着飞行任务的进展,航天员之间的关系也会越来越紧张,乘员之间相互不协调,不满意对方,甚至和地面工作人员产生对抗情绪。例如,地面指挥站需要德国航天员克雷蒂安在"和平号"飞行中进行一系列的生理功能测试。测试实验时,需要安装一些仪器,克雷蒂安抱怨实验太复杂。他在飞行报告中说,他要花2.5小时来安装这些仪器,实验使人觉得像实验动物一样,如果"窗开着,我将把这些装置扔出去"。航天员的这种心理障碍直接影响到任务的完成。

医学家正在为此而努力,例如俄罗斯"火星500"计划就是其中的一项工作。此试验为今后火星探测的医学研究提供了大量的有用数据,为火星探测医学研究吹响了进军号。

（六）火星沙尘

火星上狂暴的沙尘是火星的一大特点,美国航天专家格兰特·安德森说:"在火星表面的一个严重问题就是沙尘。"干旱的火星环境产生了大量微小而有害的沙尘。人类生活在火星上,就像生活在巨大的盐地里。对火星土壤样品的分析表明,火星土壤中含有一种称为高氯酸盐的化学物质,这种物质可能导致人体甲状腺疾病。目前,在地球供水系统中,研究人员已将高氯酸盐列为需要高度关注的化学物质。此外,火星尘埃也可能含有致癌物质,易使人体产生过敏反应或肺部疾病。而且载人火星计划需了解火星尘埃与人类栖息地的湿度,否则尘埃可能像碱液或洗衣漂白剂一样伤害人体皮肤。此外,火星沙尘还具有腐蚀性,航天员的工具需特别坚硬,否则容易被腐蚀掉。"好奇号"收集的数据,能帮助科学家了解火星尘埃给人体健康带来的危害。安德森说,他所在的公司已开发了航天员不与火星沙尘接触的技术,但仍需广泛的实验来证明该技术的有效性。

（七）就地资源利用

火星上拥有丰富的资源,航天员可以利用它们。NASA 和其他太空机构称之为就地资源利用,这意味着依靠土地为生。在航天员到达之前,一台机器将被预先发送至火星,它将从大气中的二氧化碳中提取氧气,从土壤中提取可分离的元素,然后用于制作建筑材料或火箭燃料。人类登陆火星也需要种植植物,因为航天员需要新鲜水果和能够使他们减少食用冻干食品数量的农场。但想在另一个星球上种植是一件棘手而危险的事情。美国专家泰伯·麦卡勒姆说:"没有人希望航天员依靠他们自己生产的食物生存。植物是挑剔的,如果航天员出现错误,他们可能都会死亡。"而考虑到投入与产出比,麦卡勒姆估计在火星上需连续经营 15~20 年,才能从农业系统中得到相当的产出。

(八)星球保护

世界一些主要航天国家一致同意遵守严格的星球保护标准。1969~1971 年,美国航天员登月返回地球后,NASA 会将他们隔离 3 周,以确保他们没有携带可能危害人类的可怕的太空病毒。未来在探索火星过程中,在考虑火星微生物可能危害人类的同时,也要防止人类自身携带的微生物对火星产生污染,给火星最严格的行星保护协议,最好的方法也许是先在火星表面实施一些无人探索任务。人类可在近地轨道或火星的卫星上扎营,实时遥控火星表面的探测器和其他机器人,来检查火星表面是否存在生物,并发现更安全的着陆点。

载人火星项目将是一系列难度更大的项目的组合,没有人确切知道该项目需要多少成本。这样大规模的项目似乎应由国际合作来完成,那就需要参与国通过正式方式制定好合作计划。

太空中的火星

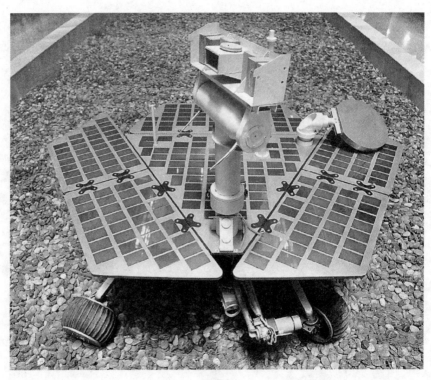

月球车

五、飞向火星——路线选择

计划一次长途旅行，首先得选择路线和交通方式，飞向火星也一样。火星很远，从地球上观察，火星在和太阳处于直线位置时（天文学家称之为"冲"），离地球最近，但二者距离也从未小于5 600万千米。从地球上观察，火星处于太阳背面时（古天文学家称之为"合"），离地球最远，约4亿千米。正如1925年德国数学家沃尔特·霍曼所发现的，要是想节省燃料，从地球去火星的最佳时机是它们相合时，也就是它们分处太阳两边相对位置，彼此距离最远的时候，因为你可以沿一条椭圆轨道飞行，它的一端与地球轨道相切，另一端与火星轨道相切，从而使飞行器离开或会合行星时需要的转向角度最小。你可以对这条航线进行改动，不过改动越大，推进就越困难，任务费用也就越高。而且至少还要飞行4亿千米左右才能从地球到达火星。

（一）飞 行 速 度

"阿波罗号"在地月间飞行的平均速度是 1.5 千米/秒，这倒不是受制于当时的推进技术——"土星 5 号"第三级足以将"阿波罗号"加速到这个值的 2 倍甚至 3 倍——而是由这条航线的几何性质决定的。如果"阿波罗号"以 3 千米/秒或 4.5 千米/秒的速度飞向月球，只要一天就能到达，不过将付出高昂的代价：或许停不下来了。因为月球引力很小，把登月飞船送入绕月轨道几乎全靠飞船自身的推进系统。如果飞船以远大于 1.5 千米/秒的速度冲向月球，"阿波罗号"的指挥舱根本无法将飞船的速度降下来，后果不堪设想！

说到飞向火星，火星引力大且拥有大气层，这二者都能协助完成减速动作。所以，飞船飞往火星时的到达速度可以远大于这个值，不会飞出火星而仍能完成入轨。更重要的是，若飞船以 3 千米/秒的速度飞离地球，但它在太阳系中飞行的速度可不是 3 千米/秒。确切地说，飞船离开地球时是从一个高速运动的平台上飞出的，因为飞船与地球的运动方向相同，所以在绕太阳飞行的航线上，飞船从地球额外获得了 30 千米/秒的速度，飞船的速度不是 3 千米/秒，而是 33 千米/秒。由于飞船从地球轨道飞向火星轨道，飞行速度会降低一点，不过还是够快的。火星能以 24 千米/秒的速度在轨道上巡航，当飞船到达火星轨道时，它与火星的相对速度只有 3 千米/秒, 这个速度足以完成入轨。航行时间是 150 天, 去火星的单程飞行大约就要这么多时间。但一次霍曼转移需要 258 天, 那么多用一些推进剂, 把航行时间缩短到 150 天是完全可行的。

(二) 飞 行 方 式

到达火星只是问题的一半——你还得回来。地球和火星一直绕太阳运动, 而它们的速度不同, 所以相对位置总在变化。只有地球和火星处于特定相对位置时, 才适于发射返航飞船。选择哪条轨道不仅决定了航行的时间, 还决定了发射的时机。所以, 设计一次完整的往返程飞行任务很复杂, 不过归根结底, 载人火星往返程任务有两种选择: 合点航行与冲点航行。

1. 合点航行

合点航行的范例之一是"最小能量"方案, 即在地球和火星之间进行两次霍曼转移。这种方案费用最低, 但往返程各需 258 天。运送货物的话没问题, 不过载人飞行还是快一点好。其实, 不用增加太多推进剂, 就能把合点航行的时间减少到 180 天左右。不过, 这个计划在返回地球的发射窗口完全开启前, 你得在火星地面待上 550 天, 总任务时间也将达到 910 天。

2. 冲点航行

冲点航行有一部分与合点航行完全相同,例如去程飞行。不过,返程就完全是另一回事了。其返程飞行不直接返回地球,而是使用大量推进剂将飞船从火星送往内太阳系。飞船擦着金星飞过,获得引力助推,将它朝地球弹去。这种航行所需的发射窗口在飞船抵达火星后不久就会开启,尽管这条返程轨道耗时比霍曼转移长得多,但是能将总任务时间缩短将近 10 个月,从 900 天左右缩短到 600 天左右。

3. 不宜选择冲点航行

冲点航行需要的任务总时间最短。1989 年 NASA 提交的《90 天报告》中对它情有独钟,好像冲点航行是去火星的唯一方案。不过这样的偏爱真的合乎情理吗?冲点航行对推进系统的要求相当高,它需要 7.8 千米/秒的速度使飞船加速或减速,而合点航行的速度变量只有 6.0 千米/秒。如果使用可在太空中储存的推进剂作为火箭燃料,将飞船从火星轨道送入返地轨道,冲点航行的起飞质量将是合点航行的 2 倍。当飞船通过大气制动的方式进入地球轨道或火星轨道,由于冲点航行的飞船太重,大气制动也许不太可行。如果真是这样,我们就不得不使用火箭来减速,这将使任务所需的速度变量增大,又进一步增加了飞船总质量和任务费用。除非有热核火箭的排气速度能达到化学能火箭的2倍或以上。再有,冲点航行所有的时间几乎都花在行星际空间里,它实际上使船员暴露在零重力中的时间最长。此外,估计在行星际空间中,单位时间内的辐射剂量大约比火星地面大4倍,冲点航行中船员接受的辐射剂量很可能略大于合点航行。综上所述,冲点航行的推进要求更高,所以起飞质量也更大,因此导致任务费用升高。要把这些沉重的硬件组装到一起,需要在轨道上进行装配。与在地球上完成所有硬件装配相比,这种装配质量比较难以保证。此外,硬件质量越大,需要装配的东西越多,也越复杂,这使得装配出错的风险增大。到这里还没完,冲点航行需要的推进剂多,还意味着发动机在任务周期中的工作时间最长,使得发动机失效的风险也增大。冲点航行中的单程飞行时间极长,所以对飞船生命保障系统的可靠性要求也高(合点飞行的生命保障系统只要保证180天的连续工作时间,而冲点飞行必须达到430天)。冲点航行不是从火星直接飞回地球,而是先飞到金星,那里的太阳热量是地球的2倍(这就要求飞船生命保障系统必须能承受由此引起的外部温度变化)。最后,在任务结束时,冲点飞行的飞船回到地球,它与地球大气的摩擦比合点飞行大得多。倘若再进入方向出现偏离,飞船可能烧毁,或者弹出大气层,船员将被困在行星际空间中。

4. 载人火星任务的最佳往返轨道

载人火星任务的最佳往返轨道是采用合点航行方式,以不大于 5.08 千米/秒的出发速度飞向火星,然后以 4 千米/秒的出发速度从火星返航。如果是运送货物,最佳选择显然是霍曼转移或选择自由返回轨道,它的出发速度是 3.34 千米/秒,运载火箭甚至能使用现有的化学推进剂作为燃料。

(三)"休眠"中飞向火星

"普里博士,为什么要将乘组人员置于休眠状态呢?""这样做的目的,是使我们的生命支持能力以及基本的食物与空气得到最大量的保存。"这是 1968 年公映的美国科幻电影《2001 漫游太空》中的一段场景对白,这部里程碑式的科幻大片对未来人类星际飞行中的这一细节可说是做出了最为大胆的设想,而 49 年(2017 年)后的今天,人类以"休眠"方式进行星际旅行,这一"天方夜谭式的梦想"或许会被照进现实。

那么,什么是"休眠"? 简单来讲,就是"完全像睡着般没有知觉,唯一不同的是不会做梦……"

1."医疗性蛰眠"

2014 年 9 月底,在加拿大多伦多召开的第 65 届国际宇航大会上,美国亚特兰大 SpaceWorks 公司的马克·谢弗博士提出"医疗性蛰眠"——带有医学色彩的"休眠",是一种生理活动水平下降的状态。显然,可以帮助人类解决星际飞行中因时间漫长对生命的消耗。根据谢弗博士介绍,长期蛰眠的两项必要医学操作是医疗性低体温和全胃肠外营养,前者通过降低病人的体温而诱导休眠,后者通过导管输送营养液对病人进行静脉补给。这两项操作均经过了良好的医学实验与临床验证,实现起来不仅价格低廉,而且有标准的操作方案。目前,有可能诱导动物或人体处于休眠状态,可使用鼻腔内冷却系统。如在火星往返途中,航天员被安置在一个狭小的区域,减少飞船运载量的同时,通过鼻腔输入冷却剂,以大约每小时 1℃的速度,使体温降至32～34℃,便可进入深度睡眠的"静止"状态。在到达火星后,停止冷却剂的持续供应,航天员就会醒来。在整个低温诱导过程中,将包括启动机体冷却、药物镇静、营养/水分供给以及复温四个方面。

"休眠"的另一关键技术——全胃肠外营养,其应用在医学界也已获得认可。典型的全胃肠外营养混合液,包含氨基酸与电解质、脂质、维生素与微量元素、谷氨酰胺等,可满足在一年以上的时间里水与营养的需求。不过,为避免失重引起的肌肉萎缩问题,在休眠期间还要考虑通过电脉冲刺激肌肉,以确保苏醒时,机体不会出现明显的虚弱无力。谢弗博士还认为,"医疗性蛰眠"时间将超过 90 天、180 天,那是基于火星任务飞行所需的时间。也有科学家提出了一种使乘组人员处于冬眠"切换"状态的方案,即在每轮持续 14 天冬眠状态之间保持 2～3 天的清醒状态。

2. "休眠"的前景

诱导人体进入"休眠"状态,会使载人火星任务甚至是更遥远的星际航行所面临的问题变得容易应对一些。因为,处于低体温的"休眠"状态,代谢率可降低 50%~70%。研究表明,在人类前往火星的整个旅途中,乘组人员赖以生存的食物与水的需要量可因休眠状态下降到原来的 1/3,飞船的体积设计要比航天员不在"休眠静止"状态时减小到原来的 1/5。总体计算,"休眠"可以使飞行任务的载荷重量由 400 吨减少到约 220 吨。这也意味着火星之旅中,乘组人员置身的太空舱的体积可以做得相当的小。而在生理防护方面,宇宙强辐射防护是深空之旅需要重点关注的问题,如果采取人体"休眠"手段,只需要针对飞船舱内"胶囊式"睡眠装置中的乘组人员,而不需要对飞船中大片生活区域进行强辐射防护,这样将保存并节省大量的运输载荷与燃料。另外,由于在"休眠"中失去知觉,将大可不必担心乘组人员在漫长旅途中,精神状态是否处于正常以及乘员之间关系是否始终保持融洽了。NASA 建议,航天员休眠的"胶囊舱体"可具有自旋功能,这样就可提供人工重力以综合防护航天员的骨骼丢失与肌肉萎缩。这样一来,乘组人员就省去了目前国际空间站上常见的跑步、蹬自行车等大运动量的锻炼项目,在火星之旅中"生命在于静止"可能更加适用。

3. "休眠"与现实

现实中,人作为高级哺乳动物,在生理生态与进化上并不具有天然的休眠机能。通过人工方法诱发人体进入"休眠"状态,是否会带来健康风险呢? 俄罗斯等在 2010 年进行的"火星-500"试验,就是针对载人火星任务中的部分风险因素而开展的航天医学与医学工程相关研究试验。一旦长期处于休眠状态,机体会丧失每天周期性的"睡眠—清醒"生物节律,也缺少快速眼动期睡眠,大脑神经、心血管、营养代谢等各大系统或器官的结构与功能,都将面临前所未有的医学挑战。再说,乘组人员进入"休眠"状态,他们在火星路途中的"生与死",就完全依赖电脑或其他监控人员的控制,这可不是一件百分之百安全可靠的事情。凡此种种,NASA 基于多方面考虑,目前尚未最终决定是否将"休眠"技术正式用于未来载人火星任务中,但谁又会怀疑,在不久的将来"睡一觉,到火星"这一梦想不会成为现实呢?

航空航天博物馆

航天科技邮票

六、火星基地建设构想

火星不只是探险或科学研究的对象,它是一个世界,火星上的资源允许地球人种植食物,生产塑料和金属,制造大量能量。地球人使用的一切元素,在火星上都可以找到充足的储备;火星的环境条件,从辐射情况、可用的阳光、日夜温差几方面来评估,也都在人类定居不同阶段的可耐受范围内。火星的能源终有一天会令这颗红色星球从探险乐园跃身变为百万居民可以建立新生活的新天地。因此,进行了一定数量的探测任务后,就可以在火星上选择最佳发展区域,届时火星任务就可以从探测升级到基地建设阶段。

(一)基地建设的早期

基地建设的早期,必须积极开展利用火星资源的各种试验,为基地提供支持。最初的火星居住舱与标准化的月球基地（或空间站）的增压舱类似,在先制造标准组合配件的条件下,由核电作为推进力的星际货船从地月间空间运送到火星。然后,按照需要进行编队和连接,并用约一米厚的火星土壤覆盖,以保护它们不受太阳耀斑辐射以及宇宙射线的致命影响。

（二）基地建设发展构想

基地建设发展构想,应有结构复杂的居住舱组合、动力舱、中心基地工作设施、温室、发射和着陆区,甚至配有火星飞机。火星上的温室将为航天员提供必需的多样化饮食。从早期的火星前哨发展成一个自给自足的大型人类永久居住区时,温室系统对于实现食物的自给自足将是必不可少的。到那时,火星基地生产的食物可以用来供应离开火星飞往小行星带以及其他太空探索的需要。

（三）火星上造房子

人类登上火星时,当然得有房子住（居住舱）。那么在火星上如何建造房子呢?首先是制砖,工程师布鲁斯·麦肯齐认为,在火星上建筑房屋的最理想材料是砖。这一缺乏技术含量的概念,乍听之下可能非常令人吃惊,但砖的确是建造火星房子最合适的材料之一,而且它能就地取材制作,制作工艺相当简单。地球上的房子大多也是由砖块建造起来的。火星上几乎到处都有可用于砖块制造的完美原材料。要进行砖块的大规模生产,只需将先采集好的细土弄湿,放入模具经轻压,干燥,然后烘烤。甚至不需要太高的温度——在地球上很多地方依然在使用太阳下晒干的砖块,如果放入烤箱加热到300℃,就能得到不错的砖了。而一流的砖块,则只需把窑温加热到900℃。这在火星上是非常容易实现的,例如使用太阳反射镜熔炉或核反应堆的余热。或许有人会说,用砖砌的墙抗压性足够,但抗张力较弱,它在火星上会散架吗?不用担心,地球上3 000年前古埃及人用砖块和灰浆建造的建筑,如今依然屹立在大地上。用砖块搭建的建筑在火星上同样非常稳定。

接下来要制造陶瓷和玻璃,因为建造房屋需要它们。黏土型的矿物在火星表面土壤中也是随处可见。因此,将制陶工艺用于陶器生产和其他用途也是件简单的事。"海盗号"火星探测器探测到火星土壤里含有大量的陶瓷和玻璃的基本成分——二氧化硅(SiO_2),大约占40%,因而可以很容易地在火星上生产玻璃,而这种技术已经在地球上使用数千年了。必须要注意的是,火星土壤还含有氧化铁,这不利于制作高品质玻璃。好在除去氧化铁的工艺并不复杂,非常容易解决。

在火星上建造房屋还需要解决的一个重要问题就是水。没有水，不可能做其他的事！有很多方法可以探测火星上的水在哪里，其中最有吸引力的方法是，采用探地雷达，可以探测距地表深1 000米的地下水。而轨道、飞船上的探测器也可以用低分辨率雷达进行检测，确定哪儿有水。还有一些其他的线索，比如发现甲烷喷发口，就说明地下有热水活动。在火星北极冠上有大量水冰的沉积物，这当然是水，只是要想办法使它们融解。火星土壤中也含有一些水。根据"海盗号"的探测结果，火星土壤中平均水分含量超过14％。"奥德赛号"火星探测器也予以了证实。不仅如此，火星科学家克里斯·麦凯声称，从火星大气中也可以"榨"出水来！有了水，就不愁房子的建造了。

（四）火星上生产燃料

利用火星大气就地生产火箭燃料，即火箭用推进剂。真的能做到吗？当然可以。事实上，利用化学方法在地球上生产推进剂的时间已有一个多世纪了。

生产推进剂的第一步是获得必要的原材料。推进剂中，氢元素的质量只占5％，比较轻，可以从地球上运过去。尽管运输需要6～8个月，但采用多层隔热材料制作密封性良好的储存箱，完全能使液氢在太空中的气化损耗降低到每个月1％以内。

这些氢原料不是直接送进发动机的,需要加入少量甲烷使其形成胶体,增加预防泄漏的能力,胶体同时还能抑制储存箱中的对流,从而可进一步降低气化损耗。

我们需要在火星上取得的原材料只有碳和氧。火星大气的95%是二氧化碳,所以碳和氧这两种元素都非常丰富,随处可得,像地球上的空气一样是"免费"的。可以用一种"吸附剂床"来获得,它会像海绵一样吸满二氧化碳。你只需找个罐子,装满活性炭或沸石,然后在夜间放到火星户外。在夜晚的低温中,它能吸收的二氧化碳重量可达到自重的20%。等到白天,把吸附剂床加热到10℃左右,二氧化碳就会逸出。用这种方法可以得到压强很高的二氧化碳气体,基本上不需要付出什么能量。科学家估计,利用推进剂生产装置中产生的废热,就能为二氧化碳的逸出供热,解决了原料问题。

接下来就要解决推进剂生产过程中的质量控制问题。原料中不能混有杂质,如火星尘等。所以,首先要在吸附剂床或泵的入口放置一个滤尘器,滤去大部分尘埃,然后将火星空气加压,把其中的二氧化碳变成液态,剩下的氮气等杂质仍会保持气态,再进行分离。

最后,将二氧化碳从储存箱中蒸发出来,就成了100%纯净的二氧化碳气体。推进剂生产过程的其余部分可以在地球上进行模拟实验,我们可以精确模拟火星环境,并通过大量的地面试验来确保它的可靠性。在载人火星任务中,在火星上生产推进剂是靠谱的。

获得的二氧化碳,就可以和地球上带来的氢发生甲烷化反应,生成甲烷和水。水进行电解反应后,会生成氧气。根据计算,从地球上送去火星的 1 千克氢会转化成 12 千克氧/甲烷双组元推进剂,氧和甲烷的质量比为 2:1。不过氧和甲烷最佳的燃烧质量比约为 3.5:1,为了达到最优效果,需要更多的氧。解决的办法之一,是直接还原二氧化碳。把二氧化碳加热到 1 100℃左右,反应就会发生,气体部分分解。然后对氧化锆陶瓷膜通电,就可以用电化学的方法生产出氧气。这一反应的优势在于,它不需要增加任何原料,就能生产出相当多的氧;劣势在于氧化锆管易碎。经过改进后,应该可以达到完成火星任务中的氧/甲烷推进剂所需的配比。因此,在火星上生产火箭燃料并不是遥不可及!

(五)火星上制造塑料

在火星上制造塑料的关键,是生产合成乙烯。我们先看一下这个化学反应式:

$$H_2 + CO_2 \longrightarrow H_2O + CO$$

利用这个反应在火星上生产人类需要的氧气:令火星大气

的二氧化碳与氢气化合,去除一氧化碳,电解得到水,再将释放的氧气储存起来,用循环使用的氢气生产更多的水,从而得到更多的氧气,周而复始。但是,我们可以做些小小的变动。如果不用 1：1 的氢气和二氧化碳,而是 3：1,于是成为:

$$6H_2 + 2CO_2 \longrightarrow 2H_2O + 2CO + 4H_2$$

拿走右边的水之后,把剩下的一氧化碳和氢气混合物拿到另外一个反应器中,在铁基催化剂的催化下,它们可以这样反应:

$$2CO + 4H_2 \longrightarrow C_2H_4 + 2H_2O$$

这 C_2H_4 就是乙烯!而且是个强烈的放热反应,可以作为热源,能获得高产量的乙烯。但它会产生副反应,其中产生丙烯(C_3H_6)。这可是好事,因为丙烯也是一种出色的燃料和宝贵的塑料生产储备物。如此说来,在火星上制造塑料也是没有障碍的。

另外,研究结果认为,可以使用乙烯代替甲烷作为燃料,这样将使制造燃料过程中需要的氢或水减少一半。加上乙烯的沸点(在 1 个大气压下)是 −104℃,比甲烷的 −183℃高得多。事实上,在几个大气压下,乙烯可以在火星平均环境温度中存放,无须冷藏,而甲烷的临界温度低于火星标准夜间温度。因此,乙烯在火星上不需要使用超低温冰箱就可以液化,而甲烷不行。这能把乙烯/氧气推进剂生产系统所需要的冷藏能量减少为甲烷/氧气生产系统的一半,会大大降低隔离乙烯燃料舱的费用,并且对燃料的处理也简单得多。

还有一点,乙烯的密度比液化甲烷高 50%,因此,火星上的飞行器或者地面火星车中如果使用乙烯代替甲烷燃料,可以用较小并较轻的燃料舱。当然,乙烯除了作为火箭、火星车或焊接用的燃料,还有别的作用。它可以用作催熟剂,还可以用作减少种子休眠时间的一种手段。所有这些功能对发展火星基地都是非常有用的。

乙烯和丙烯作为制造塑料的主要原料,可用来制造诸如聚乙烯、聚丙烯等许多种类的塑料。这些塑料可以形成薄膜或织物,建造大型充气结构,生产服装、箱包等数不清的物件。因此,在火星上开发乙烯的能力,将为我们提供许多好处,为人类在红色星球上定居打开通道。

(六) 在火星上取水

开发火星与移民火星都是建立在水的基础上的。把地球上的水运输到火星上显然是个不切实际的主意。不过最初我们还是可以在火星上生产水的,因为只需把水中 11% 的氢从地球带过去,与火星二氧化碳大气中的氧相结合即可得到水。但是当火星基地开始建造时,这样取得的水真是杯水车薪,并没有实际的应用价值。

就地解决，在火星上取水，是获得水的唯一办法。把基地建设在水源附近，这可真是个聪明的主意！火星上有水，这几乎已得到共识。仅举一例：NASA 的"火星奥德赛号"飞船发现，火星的两个半球都发现有相当巨大的水区域，其地表土壤中 40%～60% 的质量是水分。这样的例子还可以举出很多。有水，那么如何取水呢？

1. 寻找可能存在于地下的液态地热水

火星车上的队员携带探地雷达，可以探测距地表 1 000 米深处的地下水。火星车队员不需要进行随机搜索，让轨道飞船或气球上的探测器用低分辨率雷达先进行检测，确定哪儿最可能有水。当然还有其他的办法，比如可能会发现甲烷喷发口，这标志着地下有热水活动（甚至可能有生命）。类似"火星全球勘测者号"所提供的图像，能够揭示悬崖边或环形山在最近处有流出的水。如果我们能发现这样的水源，并向下钻取，热的加压水会直接喷出地面。一旦它与火星上的低压寒冷空气相遇，水温就无法保持太久。根据其喷射速度，它可能会在 100 米距离内冻结成冰晶，落回到地面。一座冰山会迅速形成，可能体积还不小。但是以如此壮观的方式提取水有点浪费，因为这种热水井代表了可观的能源。但是，仅考虑水源的问题，把基地设在热水自流井旁边是再好不过了。

2. 寻找盐水

饱和的盐溶液在−55℃的低温中依然可以是液态的。也就是说，即使没有地热，这种盐水依然可能在如今的火星上，在土壤或冰层中未蒸发掉，也许还十分接近地表。盐水除了是好的水源，其中可能蕴藏着现在的火星生命。目前火星上还未确定过盐水的存在，但"勇气号"和"机遇号"火星车都在古老的湖边发现过大量的盐。有科学家相信，这些从轨道上拍摄的火星盆地照片周围的浅色部分，可能代表了大量的盐沉积，它们在火星上遗留下来了。

3. 寻找冰

火星北极冠有大量水冰的沉积，但在那儿建立基地太过寒冷，再加上其他的一些因素，似乎不太适合。虽然在北纬70°以南区域，我们没有看到大量永久性的冰沉积，但理论显示，北纬40°以北的地下1米左右可能有稳定的冰层。在有些缝隙、熔岩、洞穴或山坡北面背阴处，都可能找到冰，火星勘测轨道飞行器2009年的观测报告显示，在北纬43°~56°，在相对较新的5座环形山中数英尺深的地方找到了纯水冰。但火星探测者们更容易找到的是永冻层或冷冻泥。它们当中含有大量的水，但需要带着炸药才能采取。永冻层在火星温度下是相当坚硬的，因此，它是火星建筑的极好材料。永冻砖比火烤出来的红色黏土砖强度大得多，而且不需要用烤箱来制作，也不需要用灰浆来黏合，立刻成型，只需加水。

4. 用"传统"方法取水

火星土壤中含有一些水。在两次"海盗号"的登陆地点,从最浅的 10 厘米地表随机取样的土壤加热到 500℃时,都发现了水,其含水量达 4%～20%。要从土壤中得到水,所需要的就是加热。加热有两种方法。一是将潮湿的土壤倒进传送带送入烤箱,把土壤加热到 500℃左右,使吸附的水分以气体形式排出。通过冷凝器收集水蒸气,再将脱水后的尘土倒掉。得到的"渣堆"会带来不便,但这一系统的效能还不错。如果用含水 4%的土壤作为给料,运行系统所需的能量大约为每千克 3 千瓦时。依此计算,用 100 千瓦电力驱动烤箱,水的产量可以达到每天 900 千克;如果用烤箱的余热再烘烤尘土,则水的产量能达到每天 18 000 千克。同时会产生大量的干废渣,要么将干废渣利用起来,要么干脆倒进附近的环形山里。另一个办法就是把加热器放进土里。用一个带轮子的烤箱,沿着车辙采集土壤。经烘烤,冷凝蒸汽,然后弹出干渣,边走边干。也许我们不能在这样的系统上使用核反应堆,但"旅行者号""海盗号""伽利略号"等飞船上使用的那种放射性同位素温差电池(RTG)是个不错的替代品。具有 300 瓦电力的放射性同位素温差电池,除了可移动其本身,还能产生 6 000 瓦余热,足以从含水量达 4%的原料中每天生产 56 千克的水。这种装置可以让小队人马在野外随身携带,或者作为早期探索任务的附加工具,但它的水分产量对于比较大型的火星基地的需求来说太小了,不太合适。当然,要满足需要,可以大量使用这种设备,但 RTG 可不便宜,而且还需要搬运许多泥土、卵石和岩石,以免对设备造成磨损和伤害。这可不是一种理想的方式!

还有一个办法是使用微波设备给土壤加热。车上携带冠状天篷,并配有柔韧的"裙边"刷扫周围地面。这种裙边是有效的密封结构,能保持水蒸气,让它们大部分都冻在天篷的顶上,然后收集使用。这个方案的优点是不需要挖土,另外微波可以调节,所以大多数能量被合理用于加热水分子。但上升的水蒸气还是会把热量传给土壤,所以最终依然有大部分热量被浪费了(但比纯热力加热系统浪费的要少)。

5. 从大气中取水

火星上的空气非常干燥,通常情况下需要处理 100 万立方米的火星空气才能采集到 1 000 克水。工程师汤姆·迈耶和火星科学家克里斯·麦凯提出一种机械压缩系统能够完成这个任务。他们发现,生产每千克水大约需要 103 千瓦时的电能,将这个结果与上面提到的从土壤取水系统比较(耗费的热能大约为每千克 3 千瓦时),看起来毫无吸引力。但需要指出的是,压缩系统同时也会从大气中提取大量有用的氩气和氮气,用于基地的生命支持。然而,华盛顿大学的科学家进行了一项新研究,摒弃空气压缩,用风扇把沸石吸附床中的空气吹起来。沸石是一种极致的干燥剂,可以在十亿分之几的大气环境中降低水汽浓

度。在火星温度下,沸石能吸附自身质量20％的水。一旦沸石
饱和了,可以把水烤出来,每千克水所耗能量大约是 2 千瓦时的
电能,而干燥后的沸石还可以再次使用。由于你所要做的仅仅
是去除空气而不必压缩,风扇的功率远远低于迈耶和麦凯系统
的压缩功率,后者处理每千克水需要 2 千瓦时的额外电能。因
此,这里的能源成本完全能与土壤取水系统相媲美。然而,火星
大气取水系统都会遇到一个主要问题:要达到有用的输出量,系
统的尺寸会相当大。比如,如果系统配备的输入管道横截面达
到 10 平方米,风扇进气速度达到 100 米/秒,每天还是只能生产
90 千克左右的水。然而,因为这一机器无须挪动,基地仅需提供
8 千瓦电力能源来运转风扇,也不需要挖掘或勘探工作,综合起
来,系统几乎可以完全自动化。而它使用的原料——空气,几乎
是无限的。这种大气取水系统还真具有相当的吸引力。

综上所述,在火星上取水有多种办法,对于在火星建立前哨
基地来说无疑是足够了。毫无疑问,从火星干旱的环境中取到
的水,将为这个红色星球增加一抹绿色。

(七)火 星 冶 金

对任何技术文明,金属制造能力都是基础。火星为我们提
供了丰富的资源用于生产金属。事实上,火星比地球还富饶。

1. 钢

火星上最容易得到的金属是铁。地球上的主要商用铁矿石是赤铁矿。这种材料在火星上无处不在,使赤铁矿还原为铁是个简单的过程,至少有两种反应适合在火星上使用。一种是废弃一氧化碳:

$$Fe_2O_3 + 3CO \longrightarrow 2Fe + 3CO_2$$

另一种办法是电解水产生的氢气:

$$Fe_2O_3 + 3H_2 \longrightarrow 2Fe + 3H_2O$$

这两种反应,前者是轻微放热反应,后者是轻度吸热反应,均不需要多大的能量就能运行。电解水可以得到所需的氢气,所以唯一需要的是赤铁矿。而碳、锰、磷、硅这四种制造钢材最主要的合金元素,在火星上也是很常见的。其他合金元素如铬、镍、钒也有可观的存量。因此,一旦生产出铁,它可以很容易地与适量的其他元素一起生产所需的几乎任何种类的碳钢或不锈钢。

2. 铝

铝在火星上是相当常见的,占火星地表物质质量的 4%。火星上的铝一般只以非常稳定的氧化物形式存在。在地球上,用氧化铝生产铝时,是在 1 000℃的熔融冰晶石中熔解氧化铝,然后用碳电极将其电解,电极会耗尽,冰晶石则无损保留。在火星上,可以用萨巴蒂尔反应器中产生的甲烷来得到碳电极,但非常复杂。而且有一个重要的问题就是,这个过程很吸热。生产 1千克铝需要大约 20 千瓦时的电力。所以地球上铝的生产厂都位于电力非常便宜的地方。在火星基地的建设阶段,能量可便宜不了。100 千瓦电力的核反应堆每天只能生产约 123 千克的铝。因此,我们将主要用钢而不是铝来建造高强度结构。由于低重力,火星上的钢和地球上的铝质量基本一样!但因为铝的高导电性和轻质,它将用于一些特殊的地方,如电线或飞行系统组件。另外,硅、铜等材料在火星上都是可以生产出来的。这里就不一一介绍了。

(八)火 星 能 源

在火星上,靠水能和化石燃料提供能量都是不可能的。从长远来看,在火星上生产热核聚变能量的前景很光明,因为火星上重氢(氘——氢的同位素,用于核聚变反应堆的燃料)与普通氢的比例是地球上的 5 倍。但聚变反应堆目前并不存在。因此,作为大型能量的初始来源,核动力是唯一的选择。如果一个核反应堆能工作 10 年,一天 24 小时能持续产生 100 瓦电量和2 000千瓦"废热",那么这个反应堆大约重 4 吨,其质量之轻可以考虑从地球运到火星。相比之下,同样的电力输出功率,同样使用寿命的太阳能电池阵列,质量将达到 27 吨,面积为 6 600 平方米(相当于一个足球场的 2/3)。如果你想达到同样的功率输出所需的太阳能电池阵列将重达 540 吨,足以覆盖 13 个足球场。太重又太大! 从中不难看出核动力对于开发火星的重要性! 如果我们放弃太空核动力,就等于放弃了整个世界。最初的基地建设能源需要核动力。但话又说回来,一旦基地建立了,平衡也会发生改变。应该会有一天,在火星上能够利用当地材质建造太阳能系统。人在火星上获得数百吨当地材料,总比从地球上运输 4 吨设备要容易得多。

说到太阳能电池阵,技术门槛并不高,在火星上建造完全有可能! 其组成的关键材料是硅,在火星上可以生产。还有制造电线需要的铝或铜,使电线绝缘所需要的塑料,也一样可以制造出来。最近地球上研发并使用了一种制造太阳能电池板的简化方法,只要把这种方法用到火星,光电系统不仅可行而且价廉。火星上出现沙尘暴时,光电池板的性能仅仅是稍有打折(除非是在极度恶劣的尘暴条件下)。所以它们在火星上整年的工作表现都不错,但效率并不高,只有 12% 左右。

作为基地能源的补充,风能也是其中的一种。风能技术的含量也不高,在火星基地制造出来的可能性很大。尽管"海盗号"测量到的地表风速只有 5 米/秒(这意味着风能几乎可以忽略不计)。然而,在远远高出地表的高度上,测得的典型风速是

30米/秒,它能在单位风叶面积产生相当于地球上6米/秒微风的能量。这对于风力发电来说已经不错了。要知道我们是在只有地球38%的火星重力场中竖立风车,实际建造的风车比地球上会高出许多,风速也会大得多。

火星上存在地热能吗?答案几乎是百分百肯定。火星上存在大范围的火山地形特征,比如不到2亿岁的塔尔西斯。火星大约4%(约500万平方千米,大多数在依利森、阿卡狄亚和亚马逊的北部区域,以及赤道附近的塔尔西斯区域)的地面被火星地质学家归类为"上亚马逊",意思是这里的地表在过去5亿年中曾经被火山爆发或洪水重新覆盖过。尽管2亿~5亿年看起来是远古历史了,但考虑到火星40亿年的岁月,它们几乎可以被称作"当代"。根据地质学家对火星的观点,2亿年前都还算是"今天"。如果那时有火山活动,那么它们现在可能依然是活动的。即使在火山活动平息后的很长时间里,土地还会是热的。在这些区域,挖掘千米深的井就足以得到很热的水。当被引到地面,水流会以蒸汽的形式喷发,用于带动涡轮发电。这个系统在火星上的工作效率也许比在地球上要好,因为火星上的低气压会令蒸汽在被凝结之前喷发得更有力。这个过程产生的一部分水被引入基地,使基地具有充足的水。还有部分水被引回到井里,重新填充蓄水层。

综上所说,火星能源有核能、太阳能、风能,尤其是地热能,基地的建造还会有疑问吗?

火箭

巴林杰陨石坑

七、将火星变成又一个地球

科学家认为,通过人类的不懈努力,火星完全有可能地球化,被改造成又一个地球。

(一) 地球化有先例

这一先例就是地球本身!地球上出现生命的过程,就是地球化的过程。40亿年前,地球刚诞生,大气中并没有氧气,只有氮气和二氧化碳,地面由光秃秃的岩石组成。当时,太阳的照射亮度只有如今的70%。如果是今天的太阳照在当时的地球上,大气中厚厚的二氧化碳就会产生温室效应,将地球变成金星那样滚烫的地狱。幸好,光合生物得到了演化,将地球大气层中的二氧化碳转化成了氧气,这个过程完全改变了地球。这一活动的结果是,不仅地球避免了失控的温室效应,利用氧气进行呼吸作用的需氧生物也开始演化了。动物和植物进一步改变着地球,创造了土壤,并戏剧化地改变了全球气候。所有生命做出的对地球的修改都是为了促进本身的发展,把地球变成自己的家园。

让我们回到火星。今天的火星与数十亿年前的地球有着极为相似之处,地球能变成今天的模样,火星没有理由不被地球化。更何况今天的人类所具有的力量,是亿万年前生物所具有的力量根本无法比拟的。举一个例子,大气厚度和大气温度之间的关系是一个正反馈系统。给火星加热会释放极冠和火星风化层中的二氧化碳。释放出来的二氧化碳又会令大气层增厚,提高储存热量的能力。被捕获的热量提高了表面温度,也增大了从冰冠和火星风化层中解放出来的二氧化碳的数量。这就是火星地球化的一个方面:它变得越温暖,大气层就越厚;大气层越厚,它就变得越温暖。

(二)火星地球化的步骤

1. 加厚火星的大气层,同时提高其表面温度

目前火星表面的平均温度还不到-60℃。NASA 艾姆斯研究中心的麦克凯博士称,增厚大气层、加热火星是改造火星的关键,只有这样,冻结在火星土壤中的冰才会融化,在火星上植树

造林才有可能。目前,提高火星大气层厚度打算采取如下几种方案:

第一种方案:增大火星大气层中二氧化碳的浓度。虽然二氧化碳在火星大气层中占95%,但十分稀薄,形成不了保温层。而火星岩石中含有丰富的二氧化碳(以干冰形式存在)。因此,只要设法将岩石中的二氧化碳释放出来,就可以在火星上空形成浓厚的二氧化碳层,将太阳光的热量保留在火星空气中,从而提高火星表面温度。

第二种方案:在火星上建造化工厂,人工制造超级温室气体——氯氟烃和四氟化碳——它们的保温能力比二氧化碳强10～21倍。据科学家粗略计算,若在火星上建造100个这样的化工厂,每个化工厂生产100年,就可使火星温度提高6～8℃。以这样的速度计算,使火星平均温度提高到0℃需要600～800年。同时还要加大火星上太阳光的采集。如果向火星南极上空发射一面直径为250千米的巨大轨道反射镜,就可以将太阳光反射到火星南极,从而能较快地提高火星温度。

2. 造海植树

随着火星表面温度的升高,火星两极和地表下的固态水就会融化成液态水,并汇集成数百米深的汪洋大海。万一水量不足,可以动用火星两颗卫星上的水:探测发现火卫一和火卫二上有丰富的水。若水量还不够,就让轨道反射镜来帮忙,它能产生

270 亿千瓦的能量，用于融化火星冰层，每年可获得 3 万亿吨水。有了大气和水，就可以种植植物，制造氧气。到了那时，人类甚至不用穿防护服，因为宇宙辐射已被大气层极大地吸收而衰减，对人的危害大大降低。届时，或许人类就可放心地在火星表面自由行走了。

此外，还可以释放细菌、氨气或甲烷，但需要用其他方法在火星上建立可以让细菌接受的生活条件。

（三）火星变暖的方法

目前有三种方法最有前途：使用轨道反射镜来改变火星南极冠的温度平衡，这可以导致二氧化碳储备的蒸发；在火星表面用工厂设备大量生产人工卤烃（CFC）气体；建立能够播散的细菌生态系统，排放大量强力天然温室气体（如氨气和甲烷）来提高火星温度。

1. 轨道反射镜

生产一面置于太空的镜子，将整个火星表面的温度提高到地球温度或许有可能，但该任务面临工程方面的挑战至少近期还难以对付。比较实际的是建造一个半径 125 千米的太空反射镜，就能反射足够的阳光，将整个火星南纬 70°以南的区域升高 5

开氏度。根据计算,只要将极地温度提高 4 开氏度,便足以引起火星南极冠二氧化碳储备的蒸发。因此,这样的反射镜已绰绰有余了。如果反射镜用密度为 4 吨/平方千米(大约 4 微米厚)的帆型镀铝聚酯薄膜材料制成,帆的重量将达到 20 万吨。从地球上发射,这尺寸太大了,困难重重;不过,如果能在太空中进行生产,则应当首先考虑从小行星或火星的卫星上寻找材料。加工这种反射镜材料所需的总能量,大约是每年 120 兆瓦电力,可以用一组 5 兆瓦的核反应堆来提供。

2. 开设工厂

生产强力的温室气体——卤烃或氟氯化碳(CFC),然后将它们释放到大气中,就可以在火星大气层中形成一层抗紫外线的臭氧层,非常稳定,可稳定存在超过一万年。通过查找有关资料,可取得火星大气中升高多少温度需要的卤烃气体的量。但所支出的费用极高,需数千亿美元。考虑到方方面面,到了 21世纪中期,如此庞大的支出或许并非难以达成。

3. 生物解决

科学家卡尔·萨根和合作者詹姆斯·波拉克认为,存在可以代谢氮气和水、产生氨气的细菌。氮除了在火星大气中少量存在之外,也在风化层硝酸盐床中大量存在。细菌可将水和二氧化碳合成为甲烷。虽然不如卤烃那么好，但氨气和甲烷也是出色的温室气体，比二氧化碳强数千倍。如果温室效应需要由反射镜或 CFC 生产来启动，那么一旦液态水进入循环，就可能在火星表面建立细菌生态，产生大量的氨气和甲烷来加速温室效应的实现。事实上，如果火星表面有 1% 的面积被这种细菌覆盖，假设它们将太阳能转化为化合物的效率为 0.1%，每年即可产生约 10 亿吨的甲烷和氨气。那么，大约 30 年内，火星会升温 10 开氏度。

将上述火星变暖的方法同时应用，再经过数十年的努力，可以深信火星会从目前又干又冷的状态，变成一个相对温暖和稍微潮湿的星球，足以支持生命的存活。但人类还不能在改造后的火星上呼吸，此时他们已经不需要穿着太空服，可以穿着普通服装和带着一套呼吸器在室外自由行走。另外，大气压已升高到人类可以耐受的水平，也许会有无数巨大的圆顶样充气式帐篷，内含可呼吸气体，成为人类的居住舱。这时，简单的耐寒植物能够在富含二氧化碳的外界环境中茁壮成长，几百年后，这些植物会将火星大气中的氧气含量不断提升，直到可供人类呼吸的水平，为高等植物和不断增加的各种动物创造生命的崭新天地。

火星上的未来人类居住地

小小梦想家

八、移民火星不是梦

随着一辆又一辆火星车在那颗红色星球上着陆、工作,随着长达520天的模拟前往火星载人任务"火星500"试验成功,随着太空探索计划突飞猛进地发展,人类在太空生活的经验日益丰富,更加雄心勃勃的移民火星计划正在筹划和准备之中!

(一)移居火星最基本的条件

1. 必须有大气层

要维持生命,一个星体就必须有足够大的质量以产生足够大的引力场,从而保持住有实际价值的大气层。只有具备了大气,行星表面才能拥有自由的、可以保留住的液体。

2. 必须有适宜的光和热源

适宜的光和热将使行星保持适宜的温度。这个适宜的温度应该界定在人的耐寒能力与人的耐热能力之间：$-40\sim40℃$。

3. 必须有水和氧气

人类的生存离不开水，人体中约70％的成分是水，水是不可缺少的介质。同时氧气也是人类生存必不可少的。

上述几个因素是人类赖以生存的天然条件。如果被改造的行星达不到上述几个条件，是不是人类就无法生存了呢？不是的。

首先，如果没有大气层，大气的压力低，氧气含量小，人类可以建造封闭式的居室，在这个巨大的封闭居室中形成一个生物圈。在这个生物圈内，生态环境将与现在的地球情况差不多。当然，这样的生存环境只能成为人类移居的中转站，在中转站中的人类将在各个方面受到极大的限制。

其次，当温度不适宜的时候，如果这种不适宜的温度范围距离适宜的温度范围不太大，人类仍可以在这个星球的地下建立"城市"，也就是说，当这个星球表面的温度较高或较低时，其地下的温度也许仍然是十分适宜的。因此，人们曾经幻想的"地下文明"将在那个"地球"上建立起来。

再次，如果没有液体的水存在于星球的表面上，地下也许有水,其寒冷的地区也许会有干冰存在。况且,人类还可以凭借发展起来的高科技手段从取之不尽、用之不竭的彗星等星体上取水。

当然,上述几点都是权宜之举,无法解决根本的问题。若要解决根本问题,就得想方设法对移居的目标进行改造。人类现在集中在对火星的改造问题上。在人类移居火星的三个基本条件中,以首先解决火星引力不足最为关键!

怎样解决火星的引力不足问题,使火星上的气体不至于逃逸掉呢?这确实是个难办的问题,因为人类至今还没有办法使火星的质量增大。但是我们可以反过来思考这件事:增大引力的目的,最终还是为了使气体无法逃逸到太空中去。如果我们研究制造出一种气体物质,它具有一种相互黏滞的作用,把它包裹在火星大气层的最外面,牢牢地把火星大气包住,使其无法逃逸到外空去,就可以使火星的大气层不断加厚。

(二) 准 备 行 动

这里介绍的是民间机构对移民火星的动作

1. "登月第二人"——巴兹·奥尔德林

早在 2008 年 10 月,美国航天员巴兹·奥尔德林便指出:第一批被送往火星的航天员应该做好余生都在那里度过的心理准备。因为火星与地球之间的距离在最近点上有 5 500 万千米,而在最远点上有 4 亿千米以上。往返一次大约需要一年半！NASA 和欧空局正在为前往火星的载人航天任务草拟试验性计划,这项任务有可能在 2030 年或 2040 年进行。从重返月球计划中获得的经验可知,这项火星任务大约需要 6 人,具备生命保障系统,并需要把他们在火星上要用的东西提前送去。奥尔德林表示,其后将有其他人加入这个先头部队,在那里形成一个由 30 人组成的火星移民团队,"他们前往火星时要有心理准备,清楚自己是第一批火星移民,而且不要指望能在一两年后重返地球。30 岁的人才有这种机会。如果他们同意这种安排,就要先接受 5 年训练。他们到 65 岁时可以选择退休或返回地球。"2013 年 5 月初,奥尔德林在提出移民火星计划 5 年后,再次希望"移民并定居火星"的愿望能在 2040 年实现。奥尔德林在博客里发表了这份声明,并推出新书《火星任务》详细介绍了定居火星的计划。奥尔德林表示,他已经想出了最经济的前往火星的方法,人类将能在 2035～2040 年间抵达并定居火星。

2. SpaceX 公司

SpaceX 公司成立的目的就是为探索太空,移民太空。早在 2012 年 11 月,SpaceX 创始人兼 CEO、亿万富翁埃隆·马斯克便宣布了他的移民火星计划。他当时表示,这项移民计划最初的规模会非常小,最先前往这颗红色行星的团队不会超过 10 人,他将利用由液氧和甲烷驱动的可重复使用火箭把他们送上火星。但他表示,这个最初不超过 10 人的移民团队,最终将会变得"非常庞大"。马斯克披露了这项复杂计划的详细数据:第一批送上火星的移民将不超过 10 人,每人票价 50 万美元,这些乘客到了目的地后必须工作,他们将带着各种设备在这颗布满尘埃且荒凉的星球上建设可长期居住的住宅,以供下一批移民使用;后继工作将着眼于建造利用二氧化碳加压的圆顶屋,可能需要在上面覆盖一层水,以防止人被毒辣的太阳晒伤。马斯克称,有了二氧化碳,火星土壤将能种植粮食作物,运送上去的其他设备还能利用火星大气里的氮、二氧化碳等天然元素和地表的水冰生产肥料、甲烷和氧气。马斯克认为,一旦计划变成现实,全球人口也许已达到 80 亿。他希望送人类上火星的任务能在未来 15~20 年完成。SpaceX 公司称还需要设计一个更高动力、可重复使用的火箭,当前正通过"猎鹰 9 号"火箭进行发射和回收试验,原型机"蚱蜢"已经进行两次短途飞行,不过他们打算在未来"逐渐增加它的高度和速度",直到把它送入轨道,然后重新返回地球。马斯克说:"我不能确定这到底需要多长时间,但我希望能在未来一两年开始第一阶段的工作。"据估计,马斯克的项目总共需要耗资 360 亿美元。他称,该项目将是一项"有趣的冒险,即便你不参加,也值得一观",它就像 1969 年的登月任务。

(三) 到火星后哪里落脚，如何生存

1. 到火星后的落脚点

人类到达火星后，美国科学家选择的地点是跨越火星赤道长约 6 400 千米的大盆地中的"康多尔恰斯码 2 号"地区。人类将在那里建立永久性基地，并逐渐扩建自己的大本营。日本有关科学家设想的火星基地将于 21 世纪后半期得以实现。基地计划建在卡塞峡谷旁的平原上，周围还留有河流的一些遗迹。

应该说，宇宙射线是无处不在的，而长期大剂量地受到这种辐射，人类就会生病、死亡。在地球上，因为有地球磁场的存在和大气层的保护，人类没有必要为此担忧。然而火星与地球不同，宇宙辐射十分强烈，人类若计划移民火星，就必须找出相应的对策。

理论上讲，质量越小的物质，防辐射力越强。科学家经过研究后发现，液态氢是迄今能得到的最好的防辐射剂。但因为路途遥远，将液态氢直接带到火星上显然不太可能。因此科研人员退而求其次，开始尝试使用含氢的固体化合物。他们将聚乙烯和一种灰色的土壤相掺和，然后倒入一个模具，经烘烤制成块状的黑色砖头。一旦获得成功，航天员就能带着聚乙烯上路，到达火星后，再和那里的表层土壤混合，最后制成砖头！火星基地的附近还配置温室，在那里，人类可以栽种植物。温室由塑料膜

建成,内部填充有 0.1 个大气压的空气。种植的农作物有西红柿、生菜、小麦、稻子和土豆等。而氧气则可以通过对水或大气中的二氧化碳进行分解而得到。氧气加上氮气就能获得与地球上成分接近的空气。科学家还成功研制出了新式氧气机,可以将火星大气中的二氧化碳转化成氧气。这个氧气机的大小和微波炉接近,只需数天就能生产出大量的氧气。火星离太阳很远,在建设火星基地的初期,最佳方法是通过小型原子能电站提供能源。到了后期,可以由燃料电池和火星周围轨道上的太阳能发电卫星来提供能源。建成的"火星基地"能够成为人类向外太阳系的一个大"跳板"。航天器从那里出发,可以对木星、土星、天王星和海王星进行探测。

2. 到达火星后如何生存

NASA 有这样的设想:执行第一项载人火星任务的航天员中可能会包括园艺专家、厨师和更传统的前军事人员,以应对火星生活。

有关专家表示,为前往火星往返任务提供充足的食品供应,是当前任务规划者面临的一个极大挑战。解决这个问题的一种方法,是航天员在高科技"菜园"里种植果蔬。除此以外,他们还需要掌握一些烹饪技术,以便增加饮食的花样和味道,避免因太单调而心生厌倦。位于美国得克萨斯州休斯敦的 NASA 太空食品系统实验室的玛亚·库克博士表示,历时 5 年的火星任务,每人大约需要 7 000 磅(3 175.15 千克)食品。她在丹佛举行的美国化学学会年会上说:"我们需要新方法。现在我们正在考虑生物再生系统的可行性。"生物再生系统涉及种植"多任务"植物,它们不仅可以为航天员提供食物,而且能产生氧气,清除二氧化碳,甚至净化水。理论上说,这种植物几乎没有不能食用的部分,它们便于管理和种植,占用空间小。为火星任务准备的通过检测的 10 种潜在作物是莴苣、菠菜、胡萝卜、西红柿、绿洋葱、萝卜、柿子椒、草莓、新鲜香料和卷心菜。NASA 希望能在 21 世纪 30 年代完成第一项载人火星发射的任务。另一种解决办法是在人类抵达火星前,利用无人飞船把保质期很长的供应品运送到火星上,为长远任务做准备。

(四) 火星用"运输工具"

1. 火星飞机

在 NASA 先进概念研究机构(N/ACAC)的支持下,有关专家正开展一项新型火星大气层进入探测器的研究。这种探测器类似于飞机,以古希腊传统神化人物的名字命名为"代达利翁",是一种可改变飞行翼的无人驾驶飞机。这种无人飞机技术比起传统的着陆器和漫游车的现场勘查技术具有独特的优势。首先,探测范围得以扩大。漫游车可对行星有限的区域进行现场勘查,而这种有动力的飞行器可以在全星球飞行,进行高分辨率可见光、红外、热、磁和中子等测绘。其次,着陆更加安全。这种飞行器可以现场勘查后,选择最佳着陆区域着陆。此外,还可以对局部区域进行超高分辨率成像,并将数据传送给主着陆器。"代达利翁"不仅技术可行,而且成本低廉,NASA已经将其选为未来火星探测可行的技术方案。

(1)任务概述

"代达利翁"采用的是直接进入火星的方式,在进入火星大气层 5.5 小时之前,巡航级对着陆器加电,并从巡航级脱离。在进入火星大气层最密集的阶段,"代达利翁"抛掉防热大底,带着热防护罩高速滑翔进入火星大气层。在飞行阶段,飞机翼需要变形,速度可以降到 0.7 马赫,飞行高度 500 米。在整个飞行期间,"代达利翁"还要考察着陆点的情况,寻找最佳着陆区域。从抛弃防热大底到着陆,"代达利翁"可持续飞行 670 千米,完全能够满足绕 160 千米的石坑飞行(如古谢夫陨石坑)。如果找到理想的着陆点,剩余推进剂还能穿越石坑。在准备着陆期间,"代达利翁"可以在 10 米高度处飞行,两个下降助推器帮助其轮子平稳着陆。着陆后,"代达利翁"展开两个太阳电池翼,具备在火星表面巡视的能力,开展与火星车类似的巡视任务。

(2)火星飞机的组成

"代达利翁"火星飞机包括 5 个部分:有效载荷、着陆器、热防护系统、巡航级和运载火箭。

① 有效载荷

"代达利翁"设计了一个独特的有效载荷舱,目的是为了容纳更多的有效载荷。美国第一代火星车"素杰纳"有效载荷质量为 1.4 千克,平均工作功耗为 2 瓦。"素杰纳"质量为 10 千克,输出功率为 16 瓦。"代达利翁"火星飞机完全可以容纳"素杰纳"量级的火星车。

② 着陆器

着陆器由总体指标、推进系统、电源系统、结构系统等组成。这里主要介绍推进系统和结构系统。

着陆器的推进系统包括两部分:巡航推进系统和下降推进系统。推进系统质量为 12.5 千克,推进剂质量为 100.6 千克。点火时每个助推器的功耗大约为 5 瓦。巡航推进系统和下降推进系统都使用相同的组件,包括推进剂贮箱和增压贮箱。下降推进系统可在火星表面实施软着陆。携带的燃料可产生 8.6 米/秒的速度增量,可满足飞行器从 10 米高度安全着陆。

"代达利翁"着陆器的结构系统非常有特色,包括变形翼、垂直尾翼、机身、推进剂吊舱、着陆变速机构、着陆变速轮电机、变形翼和着陆变速机构的增压贮箱。着陆器变形翼的外形设计是最具挑战性的。变形翼的大小与 3 个参数有关:翼展、高速飞行和低速飞行。高速/低速状态下的升力系数和飞行速度在综合考虑火星大气密度和飞行器质量的情况下,可以算出俯视面积。由于翼展跨度大,变形翼的基本结构质量要采取低速飞行的构型。美国佐治亚州空间技术系统实验室设计了变形翼的构型，采取了增压舱、套叠和旋转翼梁的设计方案。在这种设计方案中，通过操纵具有旋转和套叠能力的变形翼梁达到变形的目的。变形翼本身没有骨架，但有一个可与翼梁套叠的架子。翼梁系统由6个旋转翼梁组成。变形翼的构型包括主结构、制动器、变形翼梁，以及增压舱和氦气舱。变形翼的功率很小，飞行状态时只需7瓦。结构部分还包括起落架、轮子和撑架。此外，还有0.2千克的增压舱和着陆前充气的氦气，巡视用的电机质量6.7千克。3个电机可以提供37.3牛米的扭矩，相当于直径为37厘米的车轮可以越过9厘米的障碍物，移动时电机功率为18瓦。结构与机构系统的总质量为33.8千克。着陆器其他部分还包括制导导航与控制系统（含惯性测量单元、雷达设备、飞行敏感器、陀螺和两台导航相机及指令与数据处理系统），通信系统使用的是特高频（UHF）的信道与在轨中继卫星通信。"代达利翁"的热控系统将在整个任务期间为飞行器提供适当的温度，热控系统功耗约为4.3瓦。

③ 防热系统

在"代达利翁"的着陆器与巡航级分离之前，热防护系统承担了着陆器与巡航级之间的通信任务。后防热罩继承了传统的火星探测器防热系统设计，如"火星探路者号""火星探测漫游者号"等，使得"代达利翁"防热系统设计比较成熟：绝热层安装在变形翼底部，在进入时被抛弃，变形翼变成高速飞行状态下的型式。

④ 巡航级

其功能是为"代达利翁"在地—火巡航段提供电源、通信和轨道修正的能力。巡航级在进入行星转移轨道后,额定功耗为367瓦,在此之前最低功耗为232瓦。巡航级包括推进系统,电源系统,结构与机构系统,制导、导航与控制系统,指令与数据处理系统,通信系统,热控系统等。

2. 火星直升机

NASA正在研发测试一款小型火星直升机,未来可与火星车一起探测火星环境。据悉,这款正在测试的火星直升机重量约为1千克,翼片展开长度约为1.1米,采用了传统的旋翼式,头顶安装有旋翼翼片和太阳能板,能使其在白天吸收太阳能以确保运行,夜间不会因温度过低而损坏系统。目前的测试结果发现,在火星环境下,这种直升机的旋翼转速至少要达到每分钟2400转以上,才能在空中悬空2～3分钟并飞出0.5千米距离。喷气推进实验室机械工程师麦克·米汗表示:"由于火星车在火星表面依靠轮子行进,自身导航难度大。如果火星车能够配备直升机,就可以看到障碍物背后的地形,这将大大提升我们选择火星车行进路线的决策效率。"目前这款设计还停留在概念设计阶段,它何时完成研发,以及它是否将成为预定2020年发射的NASA新一代火星车项目的一部分,目前尚不得知。

3. 火星汽车

制造火星汽车,有很多选择:轮胎式、行走式、半履带式,最重要的是,打算用什么燃料。如果采用最先进的锂离子电池(就是摄像机用的那种),给它充满够火星车用 10 小时的电,这样的系统每千克质量能提供的电能约为 10 瓦。如果改用航天飞机上的氢/氧燃料电池,功率质量比会上升到 50 瓦/千克左右。这当然有所进步,不过比起在地球上也常用的一种技术来说,简直有些得不偿失,那就是内燃机技术。

内燃机的功率密度(功率/质量)能达到 1 000 瓦/千克,是氢/氧燃料电池的 20 倍,锂离子电池的 100 倍。燃烧式发动机能以最小的质量提供最大功率。如果采用别的供能系统,要和燃烧式发动机提供相同的功率,这种系统的自重会很大。假设火星车功率为 50 千瓦,内燃机质量只有 50 千克左右;要是采用燃料电池,它的质量会达到 1 吨。因此,和功率相同的燃料电池车相比,燃烧式动力车能多携带 950 千克的科学设备和消耗品,更耐用,性能更好,开得更远。燃烧式发动机的功率几乎没有上限,这就允许外出的考察组在远离基地的地方开展耗能较大的科学活动,而其他的燃料无此可能!

此外,利用燃烧式发动机,还可造出轻型的小动力装置,快速灵活的单人全地形车。和地球上一样,这种多功能的全地形车会为深入火星腹地的探索者带来许多便利。在建造主基地或分基地的过程中,燃烧式发动机也能提供很高的功率,最根本的一点是：燃烧式发动机的功率密度更高，能制造出机动性更强的交通工具，而且更小，更轻，性能更好。

当然，燃烧式动力车所需的燃料量大。根据计算，这种车在火星工作 300 天要 15 吨燃料，这是个很大的数目，显然不可能从地球上运来，唯一的办法是在火星上生产。这应该不成问题，因为在火星上可以生产火箭推进剂，现在要生产火星汽车燃料，小菜一碟！经过研究认为，火星汽车可以采用二氧化碳稀释的甲烷/氧燃料，也可以采用甲醇/氧燃料电池。这两种系统产生的废弃物都是二氧化碳和水。二氧化碳毫无价值——你随时都能从火星空气中搞到更多，可以作为废气排掉。不过水就不一样了。因此，火星汽车应该配有冷凝器，可以回收发动机燃烧产物中的水（这不难做到，美国海军的飞艇就做过回收尾气中的水来压舱）。当火星汽车结束一次外出，冷凝的废水可以带回基地。在基地里的化工厂中，它可以和二氧化碳发生反应，循环生产出甲烷/氧燃料。如果 90％的废水都能回收，这一系统能让火星汽车将同样的燃料循环利用 10 次。

再说说火星汽车上的生命保障系统——氧气，航天员离不开它。前面已提到过，在火星上获取氧气并不困难，我们可以很容易地在火星地面上用大气中的二氧化碳（含量高达 95％）生产出所需的氧气。但是，火星大气中的氮气和氩气加起来只占 4.3％，要提供达到呼吸所需的缓冲气体就难多了。必须把居住地和加压火星汽车中缓冲气体的分压保持在最低限度。

地面居住地中,通常保持 5 psi 的总压强(3.5 磅氧气,1.5 磅氮气)。NASA 天空实验室中,航天员呼吸的就是这种气体。火星车中的压强这么低,就不需要气压过渡舱,因此可以最大程度减轻重量。火星车里的航天员想出去时(进行"舱外活动"),只需要穿上宇航服,排掉车舱里的纯氧,然后打开车门走出去就行了。

由于是低压火星汽车,舱外活动的宇航服也可以用低压的,这样的宇航服可以做得最轻,灵活性也好,还能显著提高它的可维修性、可重复性和可靠性,一次火星地面任务能进行的舱外活动就可能不止几十次,而是几千次。

4. "充气飞碟"

NASA 瓦罗普斯飞行研究中心正在研制"充气飞碟"。充气飞碟的大名是低密度超音速减速装置(LDSD),它可以在不增加质量的前提下快速充气膨胀,降低飞船降落速度,形状颇似"飞碟",故而得名。LDSD 的充气特征是仿照夏威夷河豚通过身体膨胀来防御外敌的特性。由于火星表面大气稀薄,因而 NASA 至今为止几乎都是采用设计得非常巨大的降落伞减速系统。但运输的有效荷载存在上限,不能单单通过制造更大的降落伞来解决大航天器降落火星的难题,而 LDSD 装置利用其迅速充气膨胀的特性,可以在航天器进入火星大气层后迅速膨胀,增大与火星大气的接触面,从而降低着陆速度,而外层的隔热装置可以为消耗性材料。根据这个思路,NASA 在夏威夷的太平洋靶场进行测试,通过充气式"低密度超音速气动减速器"来实现这个想法。

(1) LDSD 的组成

LDSD 主要由三部分组成:两只为超音速充气空气动力减速装置(SIAD)的充气碟和一顶巨大的超音速降落伞——都以超音速速度工作。SIAD-R 减速装置宽 6 米,用于机器人着陆任务。SIAD-E 减速装置宽 8 米,它既可以用于载人火星着陆任务,也可以用于其他行星的着陆任务。充气装置可以将飞船的着陆速度从 4 280 千米/小时(或更高速度)降到 2 450 千米/小时。直径为 33.5 米的超音速降落伞会继续将飞船的下降速度降低到亚音速。NASA 表示"充气飞碟"不但可以让大载荷的飞船更精确地降落在火星表面,还能在更高的高度实施降落,大大增加了火星表面的可降落范围。LDSD 装置是迄今建造最大的降落伞之一,它为大型探测器着陆大气层稀薄的火星以及其他行星提供了更大的可能。但正是由于针对的是大气稀薄的降落环境,它的测试与寻常着陆器不同。

(2) LDSD 不同寻常的测试

NASA 在美国海军太平洋导弹靶场进行了 LDSD 的首次近空间试验飞行,以考验未来火星任务的新着陆技术。鉴于火星大气较为稀薄,故将测试平台的高度提升到平流层,模拟航天器进入火星大气时的状态,高度大约为 30 千米,爬升装置为哥伦比亚科学气球基金提供的氦气气球,当气囊完全展开时容积接近一个足球场的大小,使用的材料为聚乙烯膜,厚度与三明治相当。当飞行器以超音速降落时,速度达到 4 马赫左右,充气式减速器就会开始工作,并逐渐降低飞行器的速度,最后减速装置降落在海洋中。

具体的测试是这样的:当地时间上午 8 点 45 分,LDSD 试验飞行器先利用气球从夏威夷岛起飞;11 点 5 分,当气球升至太平洋上方 36 000 米的高度时,试验飞行器与气球脱离,并开始进行动力飞行;11 点 35 分,飞行器结束飞行试验后,落入太平洋,试验飞行器的黑匣子数据记录器和降落伞均在当天被工作人员找到并回收。"我们很满意这次测试",美国加州帕萨迪纳市的LDSD 项目经理马克·阿德勒说,"本次试验达到了所有的目标。所获得的试验结果将被用于未来的飞行任务。"本次试验是LDSD 项目三次试验中的首次。本次试验不但实现了验证飞行器飞行能力的目标,还对两个减速器的展开进行了验证。未来的两次飞行试验中,还将正式对这些减速技术进行验正。LDSD在喷气推进实验室的首席科学家伊恩·克拉克说:"所有迹象都表明 SIAD 部署的完美无瑕,也正因如此,大型超音速降落伞的试验日期几乎比原计划提前了一年。"

NASA 表示,为了获得登陆火星的更大的有效载荷,为了给人类未来的火星探险铺平道路,像 LDSD 这样的尖端技术是至关重要的。

5. 我国第二代火星车样机亮相

在上海举办的第十六届中国国际工业博览会上，我国第二代火星车样机首次亮相。火星车由曾经成功研制"玉兔号"月球车的上海宇航系统工程研究所牵头研制，此次在工博会展出的是1：1火星车原理样机。据介绍，火星车采用轮腿式构型、车轮转动和轮系整体摆动相结合的移动方式，具备较高的越障能力和沉陷脱困能力，可爬25°坡，越300米障碍，可以应对比月球表面更为复杂的火星地表环境。火星车配备可重复收展的太阳翼，展开后有效面积大于3平方米，可在火星表面远低于地球的光照环境下为火星车提供充足能源。而展开后高于3米的桅杆上所携带的高清晰度相机，可实现大范围拍摄和长距离导航。

在上海举办的第十七届中国国际工业博览会上，我国将自主发射的火星探测器也亮相了。通过一次发射，完成火星综合遥感和着陆巡视勘察两项探测任务。火星探测器分为"环绕器"与"着陆器"两部分，所展示的探测器与实物之比为1：3，上面是圆锥形的着陆器，下面的六面体为环绕器，还有一个白色高增益天线，用于地球与火星的远距离通信。经过多年攻关，目前已完成了多项关键技术突破，正按2020年发射计划进行研制，进展顺利。但还需突破深空超远距离测控通信，克服信号的巨大衰减。看来，探测器主要要靠自主控制，独立完成太阳帆板展开、对日定向、制动捕获、器器分离和故障诊断等功能。

6. "火星 2020"漫游车选定仪器

NASA 已为 2020 年发射的下一辆火星漫游车选定了 7 台科学仪器。该漫游车将以 2012 年 8 月 6 日登陆火星表面的"好奇号"漫游车为基础,包括采用"好奇号"着陆时所用的进入、下降与着陆系统以及与"好奇号"相同的车辆底盘。但 NASA 官员称,将对漫游车设计进行某些调整,以解决部件过时的问题,提高着陆精度,并很可能会改变车轮所用材料。与"好奇号"载有 10 台仪器相比,"火星 2020"的仪器少了 3 台。尽管在仪器上的投入有所减少,但与"好奇号"相比,新漫游车的高新科技将带来更高的科学回报。

"桅杆相机"Z 它是一种高级相机系统,具备全景和立体成像能力及变焦能力(名称中的 Z 即表示可变焦),首席科学家来自美国亚利桑那州立大学。

"超级相机"仪器 它能开展成像、化学成分分析和矿物学研究,并能从远处探测岩石和土壤中是否有有机化合物存在。首席科学家来自美国洛斯阿拉莫斯国家实验室。法国国家空间研究中心(CNES)和天体物理学与行星学研究所(IRAP)也将大量参与该仪器的研制。

"行星 X 射线岩石化学仪器" 它是一种 X 射线荧光光谱仪,并设有一台高分辨率成像仪,用以确定火星表面物质的微细尺度的成分,能对化学元素进行比以往更详细的探测和分析,首席科学家来自 NASA 喷气推进实验室。

"利用拉曼与发光扫描宜居环境以寻找有机物和化学物质"

它是一种光谱仪,能进行微细尺度成像,并利用紫外激光器来确定微细尺度矿物学特征和探测有机化合物。首席科学家来自喷推实验室。它将是首台飞往火星表面的紫外拉曼光谱仪,可同车上其他仪器的测量数据形成补充。

"火星氧原位资源利用实验" 它属于探测技术研究项目,由 NASA 载人探测与运行任务署出资,将尝试利用火星大气中的二氧化碳制取氧。首席科学家来自美国麻省理工学院。

"火星环境动力学分析仪" 它是一套传感器,相当于一个气象站,用于测量温度、风速与风向、压力、相对湿度及尘埃尺寸和形状。首席科学家来自西班牙天体生物学中心。

"火星亚表面探测雷达成像仪" 它是一种穿地雷达,对火星亚表面地质构造具有厘米尺度的分辨率。首席科学家来自挪威国防研究院。

"火星 2020"漫游车的科学有效载荷预计重约 40 千克,但其中不包括一个新的钻探系统和用于装纳岩芯样品的一个贮罐的重量。"好奇号"的科学有效载荷共重约 75 千克。NASA 火星探测首席科学家迈耶说,新漫游车的所有仪器都有切实改进,所能开展的潜在科学探测工作也要多于"好奇号"。NASA 科学部门主管格伦斯菲尔德称,新漫游车所载仪器的成像和矿物学测量能力都将有所提高,将开展一些以往从未在火星表面上尝试过的测量工作。他说,与"好奇号"相比,新漫游车携带的是一套效率有所提高的仪器组合,两者探测成果的结合可能会带来彻底的变革,尤其是在两者探测地点差异很大的情况下。

有关部门负责人称,"火星氧原位资源利用实验"(MOXIE)中的制氧实验有效载荷将为未来的载人探测任务探路。在载人火星探测任务中,航天员可能会利用火星当地环境来生产火箭燃料、呼吸用的空气、水和其他资源。NASA 主管载人探测与运行任务署的副局长格斯顿·梅尔说,这项实验将使 NASA 有机会开展原位资源利用尝试,看能否在未来的载人探测任务中真正地利用火星上的某些资源。他说,这类技术将极大地改变未来载人探测任务的规划和准备方式。MOXIE 将是首个被送往火星的同类设备。麻省理工学院 MOXIE 项目首席科学家赫克特表示,该仪器将采取电解法来制氧,每小时最多可制取 20 克的氧。他说,这基本上是反方向工作的燃料电池,因为燃料电池通常是生成二氧化碳,而该仪器则是用二氧化碳来制氧;燃料电池是输出电,而该仪器是输入电而输出氧和一氧化碳。火星稀薄的大气中有 96% 为二氧化碳。

"桅杆相机"Z 将能拍摄到火星铁锈色地形迄今最为清晰的图像。它将能拍摄立体图像,给科学家、任务工程师和公众带来身临其境的感受。包括"桅杆相机"Z、"超级相机"在内,新漫游车上的几台仪器是"好奇号"上所载仪器的升级型号。而MOXIE 制氧实验设备和由挪威牵头的 RIMFAX 亚表面探测雷达则将是首次飞往火星。挪威国防研究院 RIMFAX 仪器首席科学家哈姆兰宣称,该雷达将能探测漫游车所经历的任何一种地质环境。他说,该雷达非常善于探测和跟踪层状构造,所以能探测不同的裸露岩层,并显示它们是否处在同一地质单元。它还能探测令科学家感兴趣的其他地下构造,比如潜在的地下冰或地下水。工程技术人员目前仍在完成新漫游车样品贮存装置的研制工作。据 NASA 喷推实验室"火星 2020"项目科学家法利介绍,贮样的基本思路是采集粉笔大小的芯样,将其插入尺寸恰好合适的样品管内,并进行密封,以防气体漏掉。"火星 2020"漫游车的贮样工作将是为最终把火星样品送回地球所需迈出的第一步。实现样品储存是美国国家研究委员会最近一次行星科学十年调研工作所给出的最顶层建议。这项调研旨在排定太阳系内各天体探测任务的优先顺序。在 2011 年的调研报告中,排在第二位的是对木卫二这颗木星的多冰卫星进行探测。相关官员称,"火星 2020"漫游车将会储存约 30 件密封的岩样品,这些样品应能至少保存 20 年。

7. 另类漫游车

(1)"乒乓球"机器人漫游车

美国新墨西哥州的冶金技术研究所有一位研究洞穴和石灰岩地形的研究室主任,他叫波士顿博士。另有一位麻省理工学院菲尔德太空机器人试验室主任,他叫杜伯斯基博士。两位工作上毫不相干的博士凑在一起,共同完成了一项非同寻常的设计——"乒乓球"机器人漫游车。

这两位博士认为,无论是美国第二代火星车"勇气号"和"机遇号",还是"好奇号"火星车,都是一些带着轮子在火星上蹒跚前行的机器人。人们再也不能让那些火星车们傻跑了。他们设计了一个不用轮子的、迷你型火星车。它们是一群在火星上蹦蹦跳跳乒乓球大小的迷你机器人,只有大约100克重。"乒乓球"机器人安装有小型电池、各种类型的传感器、分光计和微型照相机等。迷你机器人的内部还设置了一组人造肌肉,这种聚合体制成的人造肌肉,在收缩过程中可以使机器人产生跳跃。"乒乓球机器人"以军团入侵火星为主要方式。它们被装在一个个着陆器里,大规模空降到各个探测地区,成百上千的"乒乓球机器人"从着陆器里弹跳而出。它们团队协作,它们蹦跳前进,它们无孔不入。

(2)"螳螂"漫游车

"螳螂"漫游车是按照仿生学的原理制造的。16岁的高中生比尔和同学们观察螳螂好几个月,有的时候解剖螳螂,研究它的身体构造、各种功能。他们发现螳螂非常适合在月球和火星上生活。火星和月球的地理地貌情况复杂,哪怕最平坦的路面也像地球上的沙漠或戈壁滩,还有山丘、沟壑、环形山。以前的漫游车都是轮式探测车,遇到巨石、沟壑就只能绕道而行,甚至望而却步。"螳螂"漫游车有一套灵巧的平衡系统,模仿螳螂的动作,能深一脚浅一脚地前进,遇到一般的巨石和沟壑都不屑一顾,能一步跨过。"螳螂"漫游车有6条腿,传感器、液压和智能结构的伸缩性很大,可以放平甚至抬高。6条腿中只要有3条腿着地,仍然能够行走,而且保持身体平衡。

智能识别系统是"螳螂"漫游车的大脑。这只"螳螂"能根据摄像反映的图像和数据,判断前方和周围的环境,计算确定最佳行走路线,不走或少走冤枉路。在观察和摄像时,"螳螂"的复眼也发挥作用,合成三维立体图像。信号传输系统应用了先进的激光技术和宽带多媒体技术,"螳螂"看见的一切,立即传回地球。专家根据发回的信息,指挥"螳螂"前进和工作。欧洲空间局的专家赞扬道:"这个发明很有创意,它不但能在月球和火星上行走,也可以到其他星球行走。它是一个万人迷。"

8. 全息眼镜——如"亲临"火星

2015年1月22日,微软在Windows 10预览版发布会上发布了一款全新增强现实眼镜HoIoLens以及Windows Holographic全息技术。HotoLens眼镜堪称是科幻电影成真,它不仅能将三维图像投射到佩戴者的视野中,屏幕、游戏、人物甚至星球都能出现在佩戴者的眼前,还能够追踪用户的声音、动作和周围环境。NASA已急不可耐地要将这种技术应用在未来的火星探索中。据介绍,HoIoLens眼镜将和OnSight软件配合使用,并借助"好奇号"火星车,为科学家在火星上进行实验提供帮助。OnSight软件将利用火星探测车的数据生成三维图像,模拟火星的环境,有助于探索任务的筹划。科学家可以从第一人称视角,对火星车的工作地点进行探索,计划新的实验,并获取第一手的研究结果。喷气推进实验室的 OnSight 软件项目经理杰夫·诺里斯说:"我们相信 OnSight 软件将加强我们对火星的探索,并将探索旅程与全世界分享。"

到目前为止,科学家还是只能在电脑屏幕上分析火星的图像资料,即使是三维立体图像也缺乏自然的深度感,一旦 OnSight 软件利用全息计算,使火星探测器的数据和视觉信息可以叠加到佩戴者的视野中,创造出一种真实与虚拟的结合体。"好奇号"火星车任务的团队已经使用上了微软提供的 HoIoLens 眼镜,对火星车活动地点周围的环境图像进行分析。他们可以在布满岩石的火星表面漫步,或者弯下腰,从不同角度检查各种石头突起。这一工具让科学家和工程师可以用一种更为自然、更人性化的方式探索火星。NASA 喷气动力实验室将在"好奇号"火星车任务中进行 OnSight 软件的测试,或许在 2020 年的火星车任务中就能实际应用。

"以前,我们在进行火星探索中真会被困在电脑屏幕的一个角上,"杰夫·诺里斯博士说,"这种工具使我们能够探索火星车的周围环境,就像地质学家在地球上进行野外考察一样。"这也将帮助研究者更好地了解火星探测器周围的工作空间,而利用传统的工具很难办到这点。

微软首席执行官塞特亚·纳德拉称这一系统是"魔幻的"。

他说:"Windows 10 和全息计算都是令人激动不已的体验。"微软希望目前开发实现增强和虚拟现实技术的公司,如 OculusVR、Magic Leap 和谷歌眼镜等,都能够使用微软的全息计算程序。

微软的亚历克斯·基普曼说:"我们希望使一切更人性化,更易于操控。我们不是说要把你放入虚拟世界,而是更进一步,我们梦想的是将全息图像与你的世界融合起来——欢迎来到'Windows Holographic'。"他接着说道,"我们已经发明了世界上最先进的全息计算机——HoIoLens。HoIoLens 眼镜虽说还没推向市场,目前仍处于开发阶段,但科技粉们已急不可耐——毕竟戴上 HoIoLens 以后,一切都变得难以想象! 想想看,以为有天南海北的朋友们济济一堂,但其实整个房间里只有自己一个人,这可不是视频聊天能比得了的。微软称 HoIoLens 眼镜将首先应用于火星探索、建筑设计、外科手术等领域。这种技术与谷歌投资的 Magic Leap 公司研究的眼镜式可穿戴计算设备十分相似,未来或许我们会看到两家公司在硬件方面的竞争。